东亚季风年鉴

EAST ASIAN MONSOON YEARBOOK

2015

国 家 气 候 中 心
（东亚季风活动中心） 编

内 容 简 介

东亚季风是盛行于东亚地区的冬、夏季风及其环流的统称。东亚季风区的范围覆盖了中国、日本、朝鲜半岛、蒙古、俄罗斯西伯利亚地区、中南半岛、琉球群岛、菲律宾群岛。

《东亚季风年鉴2015》是中国气象局国家气候中心的核心业务产品之一，全书分为3章。第1章描述了2014/2015年东亚冬季气候及冬季风环流系统的特点；第2章介绍了2015年东亚夏季气候和夏季风环流系统的特征；第3章主要介绍了2015年中国雨季进程的概况。年鉴中也回顾了2014/2015年冬季中日韩冬季风会商以及2015年夏季亚洲区域气候监测、预测和评估论坛气候预测的结果。

本年鉴可供从事气象、农业、水文和地质等多个行业的业务、科研和教学人员使用及参考。

图书在版编目(CIP)数据

东亚季风年鉴. 2015 / 国家气候中心编. -- 北京 : 气象出版社, 2016.10

ISBN 978-7-5029-6380-4

Ⅰ.①东… Ⅱ.①国… Ⅲ.①东亚季风-2015-年鉴 Ⅳ.①P425.4-54

中国版本图书馆CIP数据核字(2016)第217459号

出版发行：气象出版社
地　　址：北京市海淀区中关村南大街46号　　邮政编码：100081
电　　话：010-68407112(总编室)　010-68409198(发行部)
网　　址：http://www.qxcbs.com　　E-mail：qxcbs@cma.gov.cn
责任编辑：陈　红　　终　　审：邵俊年
责任校对：王丽梅　　责任技编：赵相宁
封面设计：博雅思企划
印　　刷：北京地大天成印务有限公司
开　　本：889 mm×1194 mm　1/16　　印　　张：8.5
字　　数：221千字
版　　次：2016年9月第1版　　印　　次：2016年9月第1次印刷
定　　价：65.00元

《东亚季风年鉴 2015》

主　　编：李清泉　王东阡

编写人员（以姓氏笔画为序）：

王东阡　王朋岭　王艳姣　王遵娅　司　东
孙丞虎　孙　冷　李　多　李清泉　周　兵
邵　勰　柯宗建　柳艳菊　聂　羽　顾　薇
崔　童

指导专家（以姓氏笔画为序）：

丁一汇　刘海波　李维京　何金海　张庆云
张祖强　张　强　张培群　武炳义　顾建峰

前　言

东亚处于全球典型的季风气候区，东亚各国的社会经济、生态环境、水资源和灾害性天气气候事件等均与季风系统的活动密切相关，东亚季风活动规律及其预测研究一直是气候业务和科学研究领域关注的焦点。在全球变暖背景下，东亚地区洪涝、干旱等灾害性气候事件频繁发生，对国家安全、社会经济、生态环境等带来了严重威胁。提高气象部门季风监测、预测的业务能力，是提高中国气候灾害防御能力，保障国家经济建设和社会和谐进步的重要支撑。

国家气候中心作为国家级气候业务中心，以及世界气象组织(WMO)下属的亚洲区域北京气候中心和东亚季风活动中心，需要面向亚洲地区提供有关季风活动的业务指导。因此也希望通过组织编写《东亚季风年鉴》，及时揭示东亚季风系统活动的最新事实，为研究东亚季风系统的演变规律、时空分布特征和机理等提供宝贵的基础信息。同时，通过总结分析东亚季风系统活动对气候的影响，为有关部门加强防灾减灾工作提供一定的参考。

在国家气候中心各级领导和各位专家给予的悉心指导和大力支持下，编写组经过半年多的共同努力，《东亚季风年鉴 2015》已经完成。现将参与年鉴各章编写人员情况介绍如下：

第 1 章东亚冬季风由李清泉和孙丞虎统稿，其中，1.1～1.2 节由崔童、王朋岭和孙冷编写，1.3 节由王遵娅编写，1.4 节由王艳姣编写，1.5 节由孙丞虎、王东阡、聂羽和邵勰编写，1.6 节由邵勰编写。本章摘要由李清泉编写。

第 2 章东亚夏季风由王东阡和柳艳菊统稿，其中，2.1～2.2 节由崔童、王朋岭和孙冷编写，2.3 节由王艳姣编写，2.4 节由司东、孙丞虎和王东阡编写，2.5 节由李多和司东编写，2.6 节由王东阡编写，2.7 节由邵勰编写。本章摘要由王东阡编写。

第 3 章中国雨季由李清泉和周兵统稿，其中，3.1 节由王朋岭编写，3.2 节由李多编写，3.3 节由李清泉编写，3.4 节由周兵和王东阡编写，3.5 节由崔童编写，3.6 节由司东编写，3.7 节由李清泉编写。本章摘要由李清泉编写。

2014/2015 年东亚冬季风季节预测联合会商回顾、2015 年亚洲区域气候监测、预测和评估论坛由柯宗建和顾薇编写。

另外，本年鉴的编写得到国家气候中心业务维持费、国家重大科学研究计划课题《全球气候变化背景下年际—年代际变率信号的辨识及可预报性研究(2012CB955203)》、公益性行业(气象)科研专项《东亚季风多尺度变率的监测预测研究项目(GYHY201406018)》的资助。

编者

2016 年 5 月

概　述

2014/2015 年冬季，东亚冬季风略偏弱。冬季风系统成员中，西伯利亚高压强度偏弱，东亚大槽偏深，东亚副热带西风急流偏弱、偏西、偏南。此外，北极涛动以正位相为主，平流层出现了一次爆发性增温过程。热带大气低频振荡（MJO）强度呈阶段性变化，经历了“强—弱—强—弱”的变化特征，传播特征亦十分明显，对流活跃位相主要位于海洋性大陆和热带西太平洋。在此环流影响下，东亚大部地区气温偏高，仅中国西藏的西南部分地区较常年同期偏低。季内，气温阶段性变化特征显著，表现为前冬冷、隆冬和后冬暖。全国共经历了 2 次寒潮、5 次强冷空气过程。东亚大部地区降水偏少，仅东亚东北部和西南部的部分地区降水偏多。

2015 年，亚洲热带季风于 5 月第 2 侯在赤道东印度洋建立，然后分别向西北及东北方向推进。南海夏季风于 5 月第 5 候爆发，10 月第 2 候结束，爆发时间与常年时间一致，结束比常年偏晚，强度比常年偏弱。夏季风系统其他成员中，与常年夏季相比，马斯克林高压偏弱，澳大利亚高压偏强，索马里越赤道气流强度偏弱，孟加拉湾越赤道气流明显偏强，南海越赤道气流强度与常年持平，菲律宾越赤道气流强度偏强。南亚高压强度略偏强，中心位置偏北、偏西。东亚副热带夏季风强度接近常年，西太平洋副热带高压（西太副高）显著偏强、偏西、脊线位置接近常年，西北太平洋热带辐合带（季风槽）强度略偏弱。东亚副热带西风急流强度明显偏弱，位置略偏北。此外，夏季 30～60 天季节内振荡经向传播变化特征明显。

2015 年夏季，东亚地区气温以偏高为主，但中国江淮至江南北部地区气温较常年偏低；东亚地区降水以偏少为主，但中国江淮至江南北部、日本南部、蒙古国西南部降水偏多。6 月，东亚西北部及中国黄淮地区降水明显偏多；7—8 月东亚降水呈“南多北少”型分布。中国主要雨季进程中，华南前汛期开始时间较常年偏晚、结束时间较常年偏早，前汛期总降水量较常年偏少。西南雨季开始和结束时间均较常年偏晚，雨季总降水量比常年略偏少。中国梅雨各气候区中，江南梅雨入梅时间较常年偏早、出梅时间较常年偏晚，梅雨量较常年偏多。长江中下游梅雨入梅时间较常年偏早，出梅时间较常年偏晚，梅雨量较常年偏多。江淮梅雨入梅时间较常年偏晚，出梅时间较常年偏晚，梅雨量较常年偏多。华北雨季开始时间较常年偏晚，结束时间较常年略偏早，雨季总降水量比常年偏少。华西秋雨开始和结束时间均较常年偏早，秋雨总降水量较常年略偏少。

目　录

第 1 章　东亚冬季风

2014/2015 年冬季，东亚冬季风略偏弱。冬季风系统成员中，西伯利亚高压强度偏弱，东亚大槽偏深，东亚副热带西风急流偏弱、偏西、偏南。此外，北极涛动以正位相为主，平流层出现了一次爆发性增温过程。热带大气低频振荡（MJO）强度呈阶段性变化，经历了“强—弱—强—弱”的变化特征，传播特征亦十分明显，对流活跃位相主要位于海洋性大陆和热带西太平洋。

冬季，在上述环流影响下，东亚大部地区气温偏高，仅中国西藏的西南部分地区较常年同期偏低。季内，气温阶段性变化特征显著，表现为前冬冷、隆冬和后冬暖。全国共经历了 2 次寒潮、5 次强冷空气过程。东亚大部地区降水偏少，仅东亚东北部和西南部的部分地区降水偏多。

1.1　冬季气温

1.1.1　东亚气温

2014/2015 年冬季，东亚地区气温总体偏高。东亚大部地区气温偏高或接近常年，东亚北部地区气温较常年同期偏高 1℃以上，其中，蒙古国大部和中国内蒙古自治区东北部气温偏高 2～4℃；仅中国西藏的西南部部分地区较常年同期偏低 0.5～1℃（图 1.1）。

季内，气温阶段性变化特征显著（图 1.2～图 1.4）。其中，前冬（2014 年 12 月），东亚地区以偏冷为主，中国西北地区大部、东北地区及东南沿海地区偏低 1～2℃；隆冬（2015 年 1 月），东亚地区整体偏暖，尤其蒙古国大部气温偏高 4℃以上；后冬（2015 年 2 月），东亚大部地区以偏暖为主，大部地区较常年偏高 1～2℃。

1.1.2　中国气温

2014/2015 年冬季，全国平均气温为－2.3℃，较常年同期（－3.4℃）偏高 1.1℃，较 2013/2014 年冬季偏高 0.5℃（图 1.5）。从空间分布来看，全国大部分地区气温偏高或接近常年，内蒙古大部、华北东部、黄淮、华中大部、贵州东部、江西大部、新疆北部、青海中东部等地气温偏高 1～2℃，其中内蒙古北部地区偏高 2℃以上；而西藏西部局部、青海南部局部和海南南部等地气温偏低 0.5～2℃（图 1.6）。

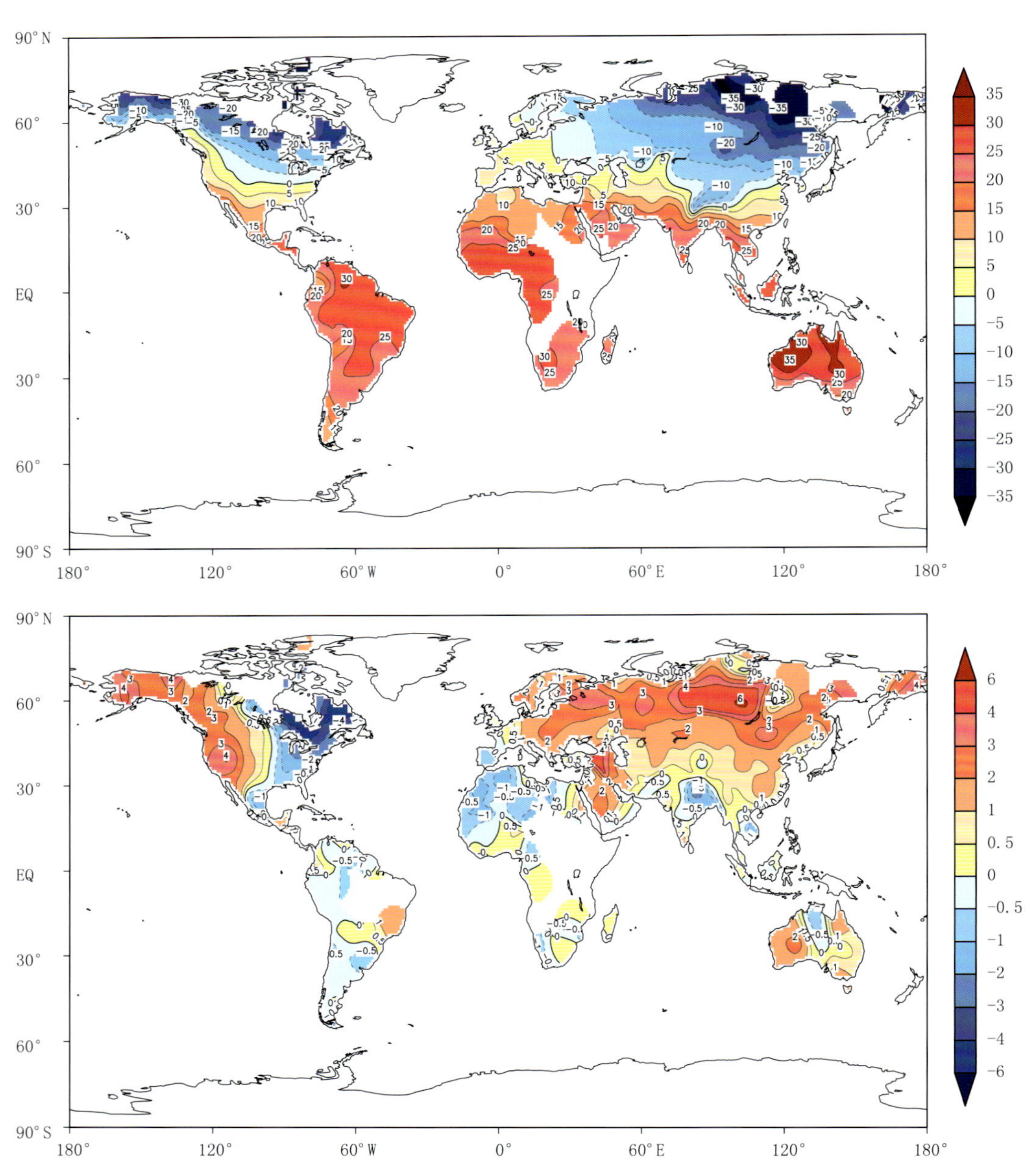

图 1.1　2014/2015 年冬季全球气温(上)及距平(下)分布图(单位:℃)

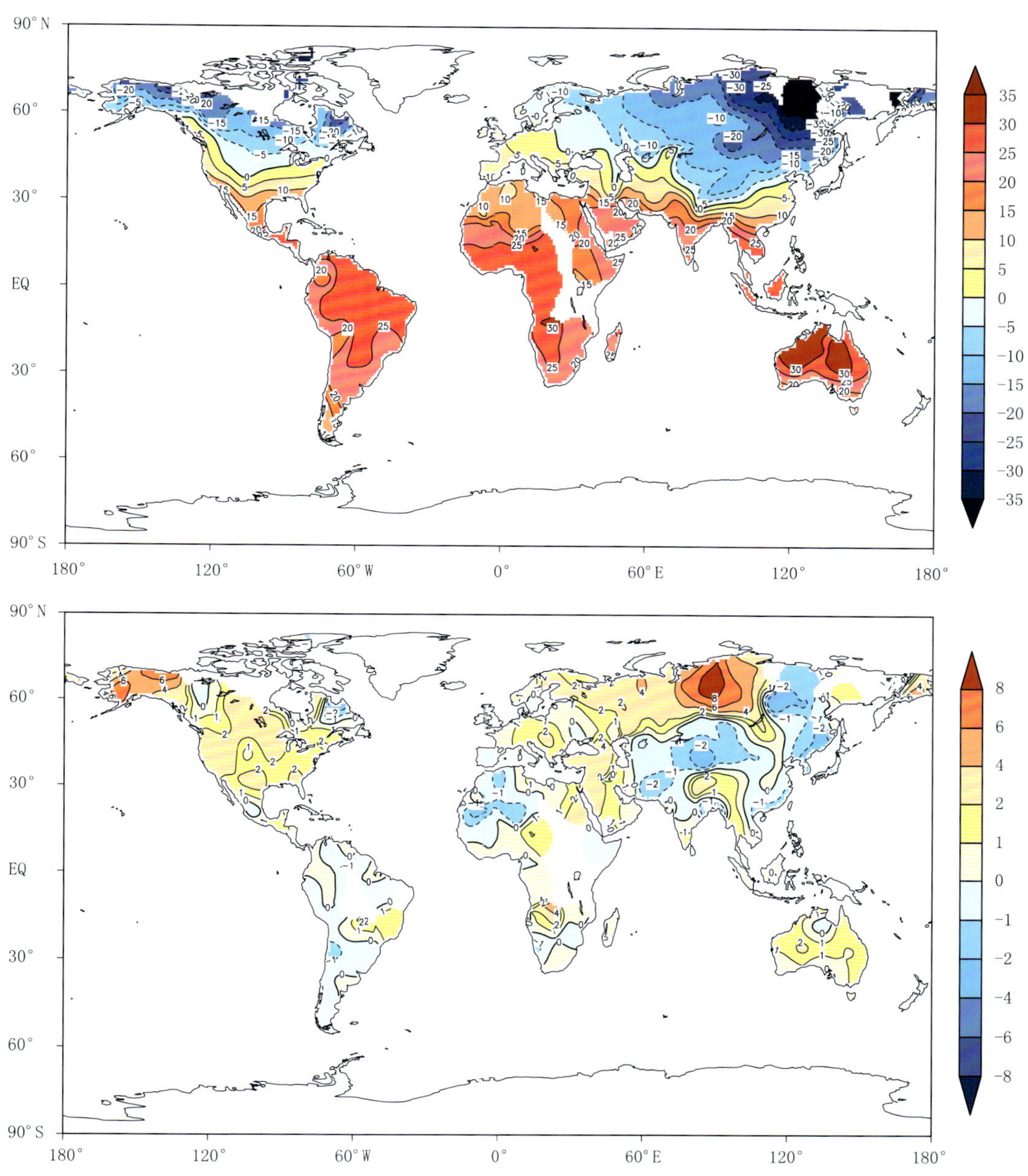

图 1.2 2014 年 12 月全球气温(上)及距平(下)分布图(单位:℃)

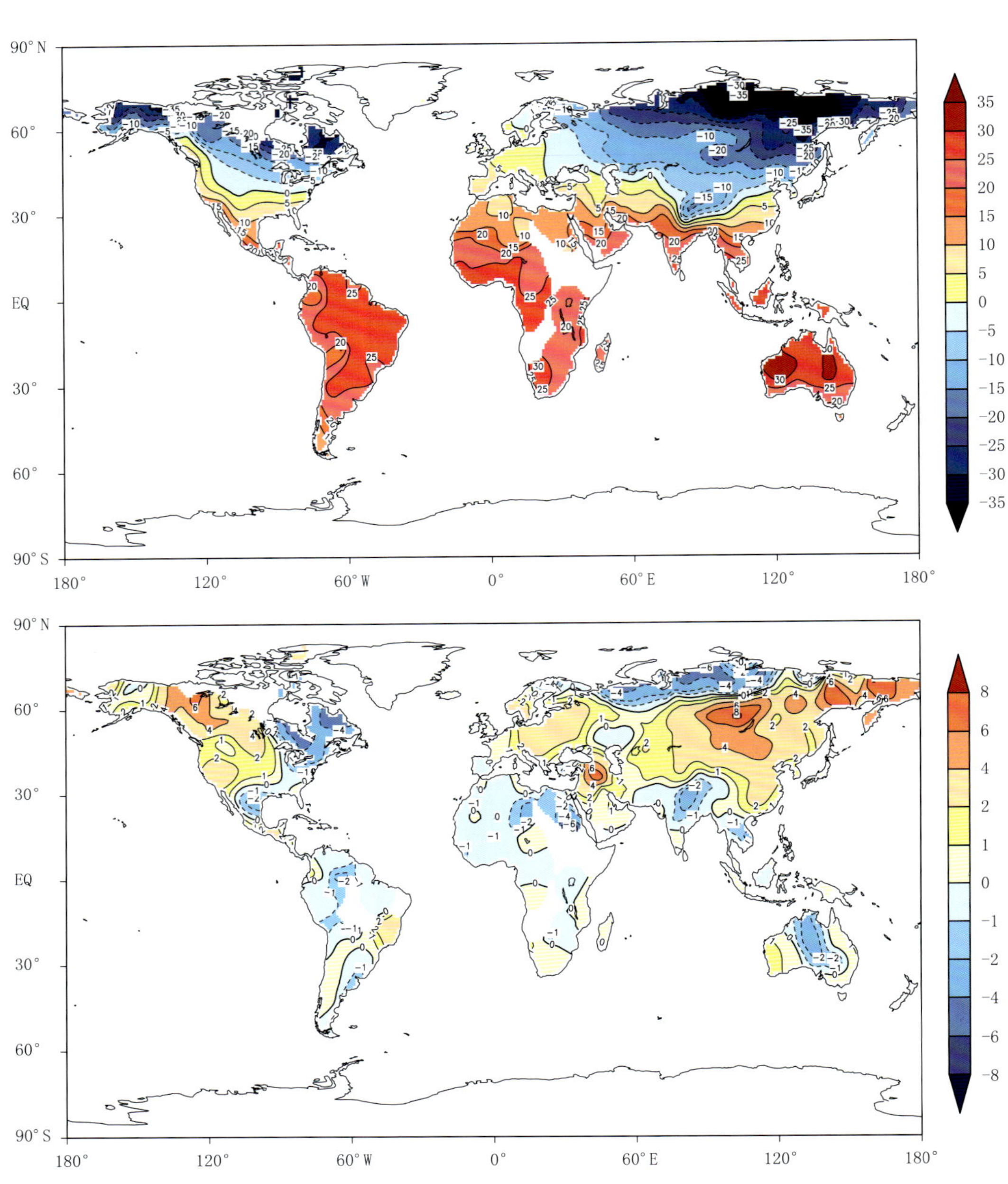

图 1.3　2015 年 1 月全球气温(上)及距平(下)分布图(单位:℃)

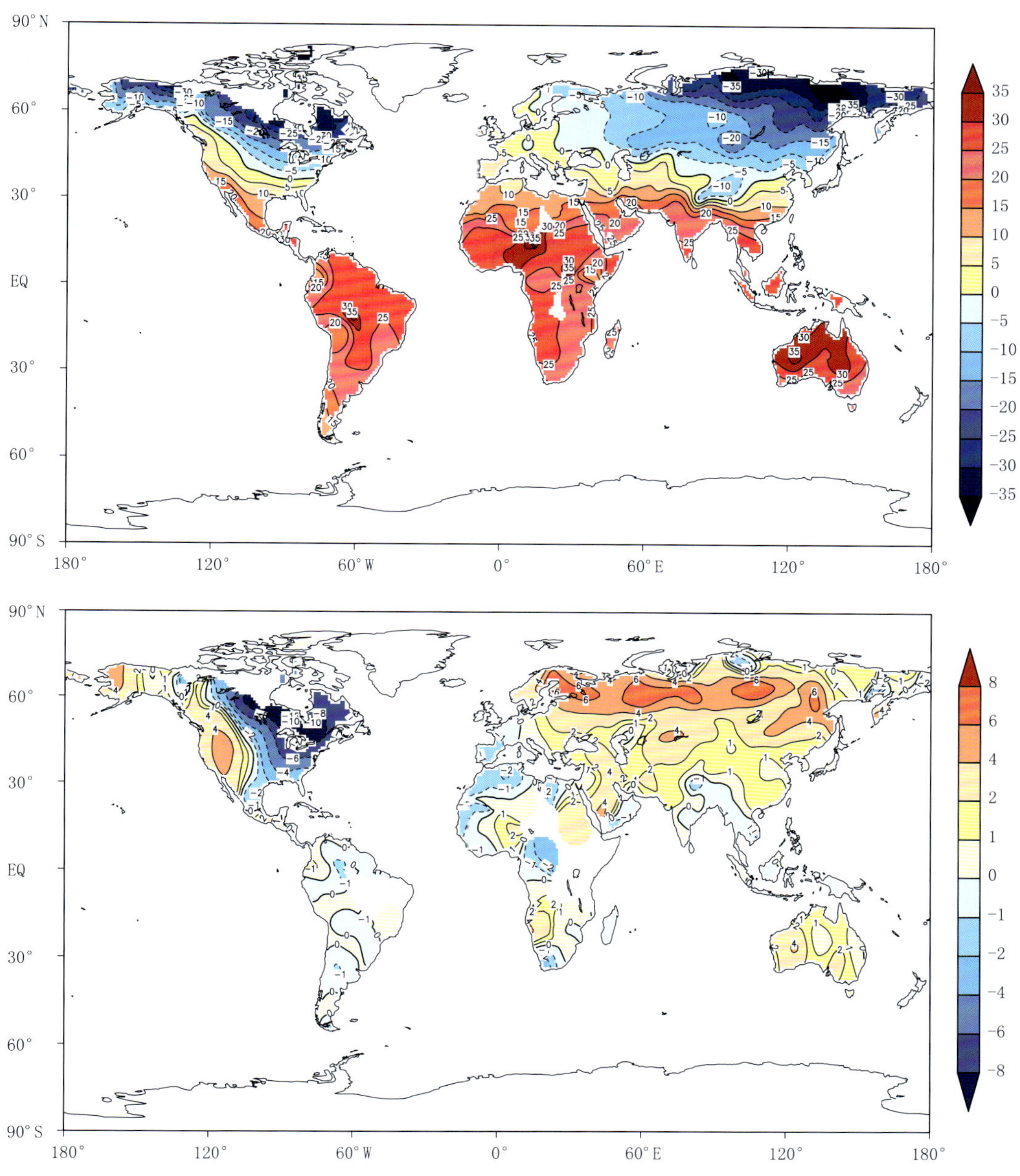

图 1.4　2015 年 2 月全球气温(上)及距平(下)分布图(单位:℃)

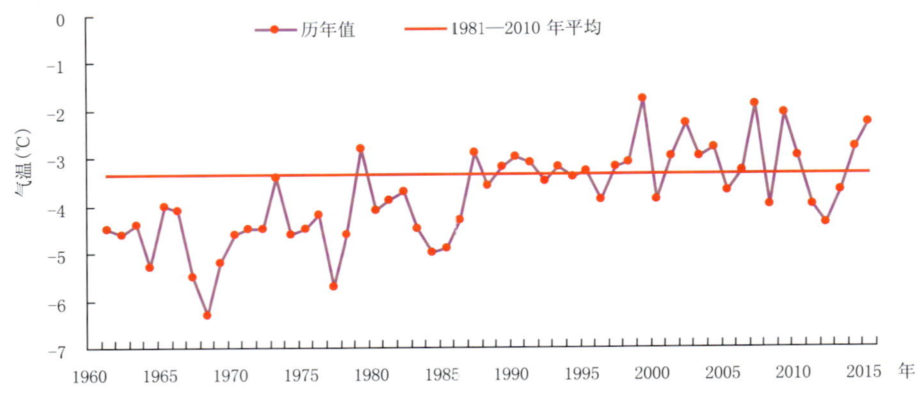

图 1.5　1960/1961—2014/2015 年冬季全国平均气温历年变化图

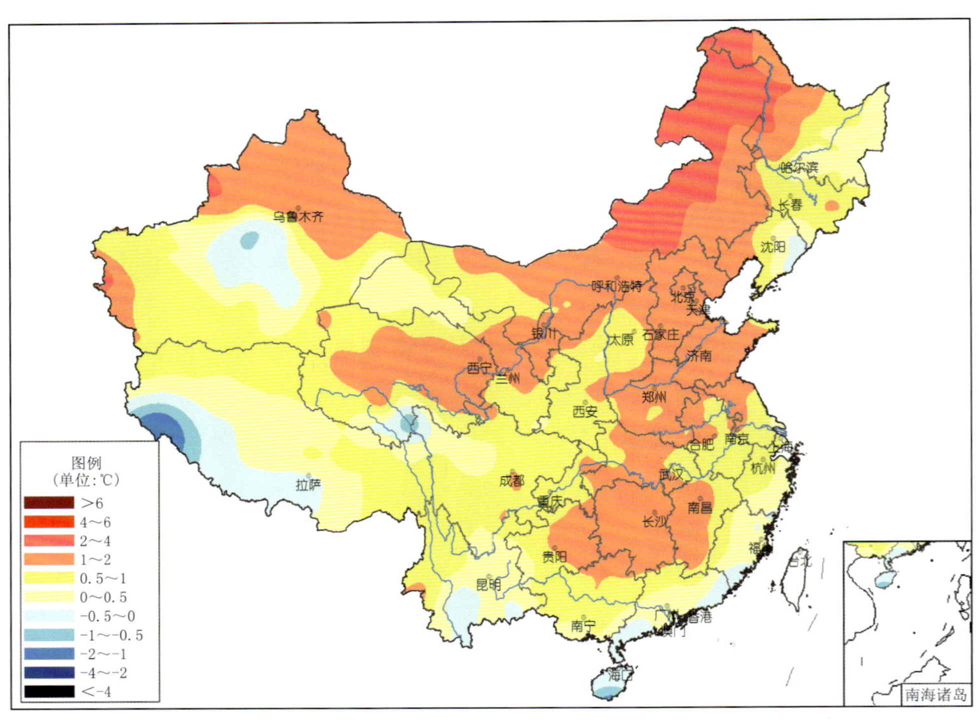

图 1.6　2014/2015 年冬季全国气温距平分布图*

* 注:本年鉴台湾省资料暂缺。

1.2 冬季降水

1.2.1 东亚降水

2014/2015 年冬季，东亚大部地区降水以偏少为主，蒙古国西南部偏少 3 成以上；仅东亚东北部和西南部的部分地区降水偏多（图 1.7）。季内（图 1.8～图 1.10），前冬中国东北地区北部和青藏高原中部降水偏多，隆冬东亚西南部的部分地区降水偏多，后冬中国东北地区大部降水偏多。

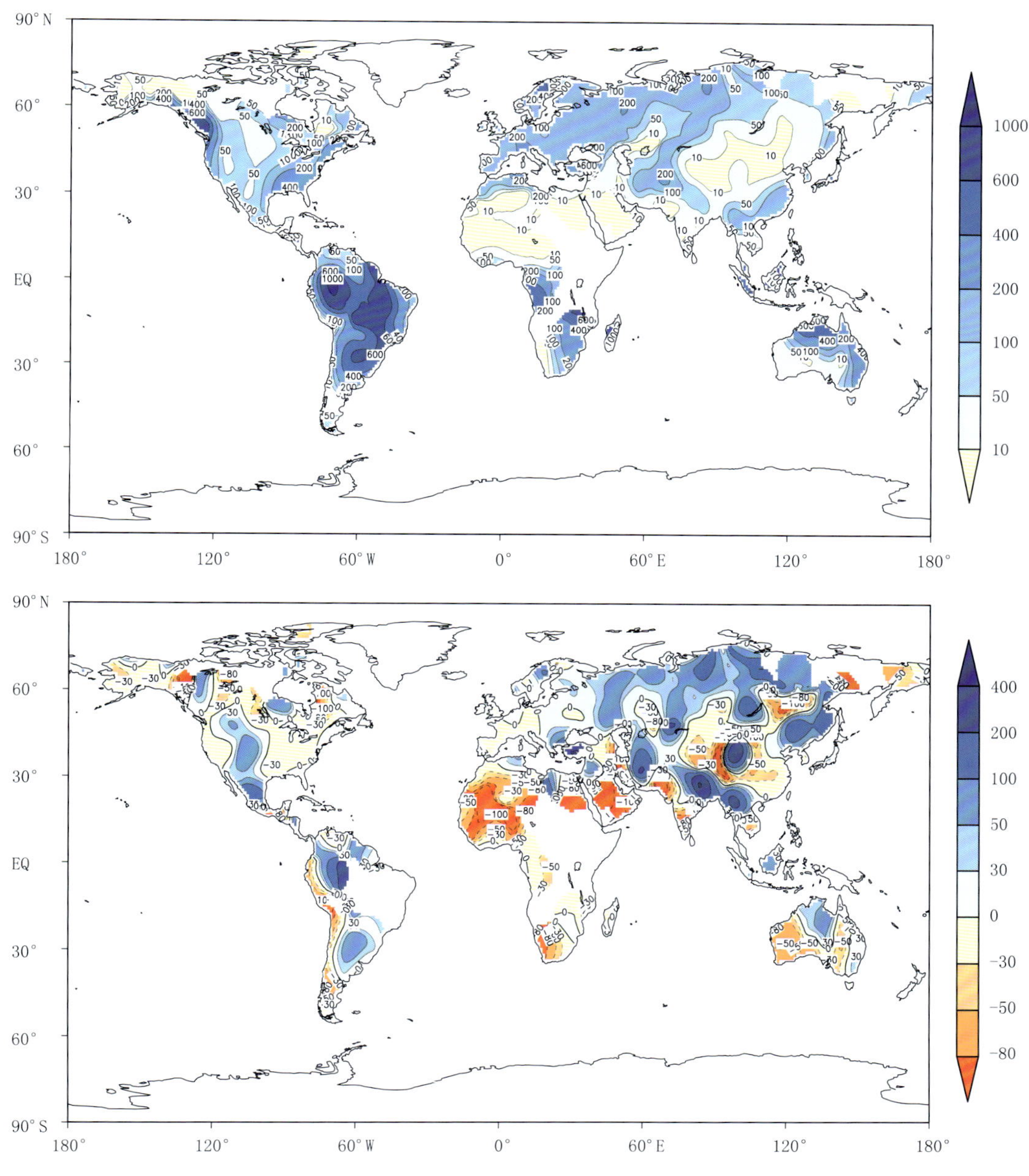

图 1.7 2014/2015 年冬季全球降水量（上，单位：mm）及距平百分率（下，单位：%）分布图

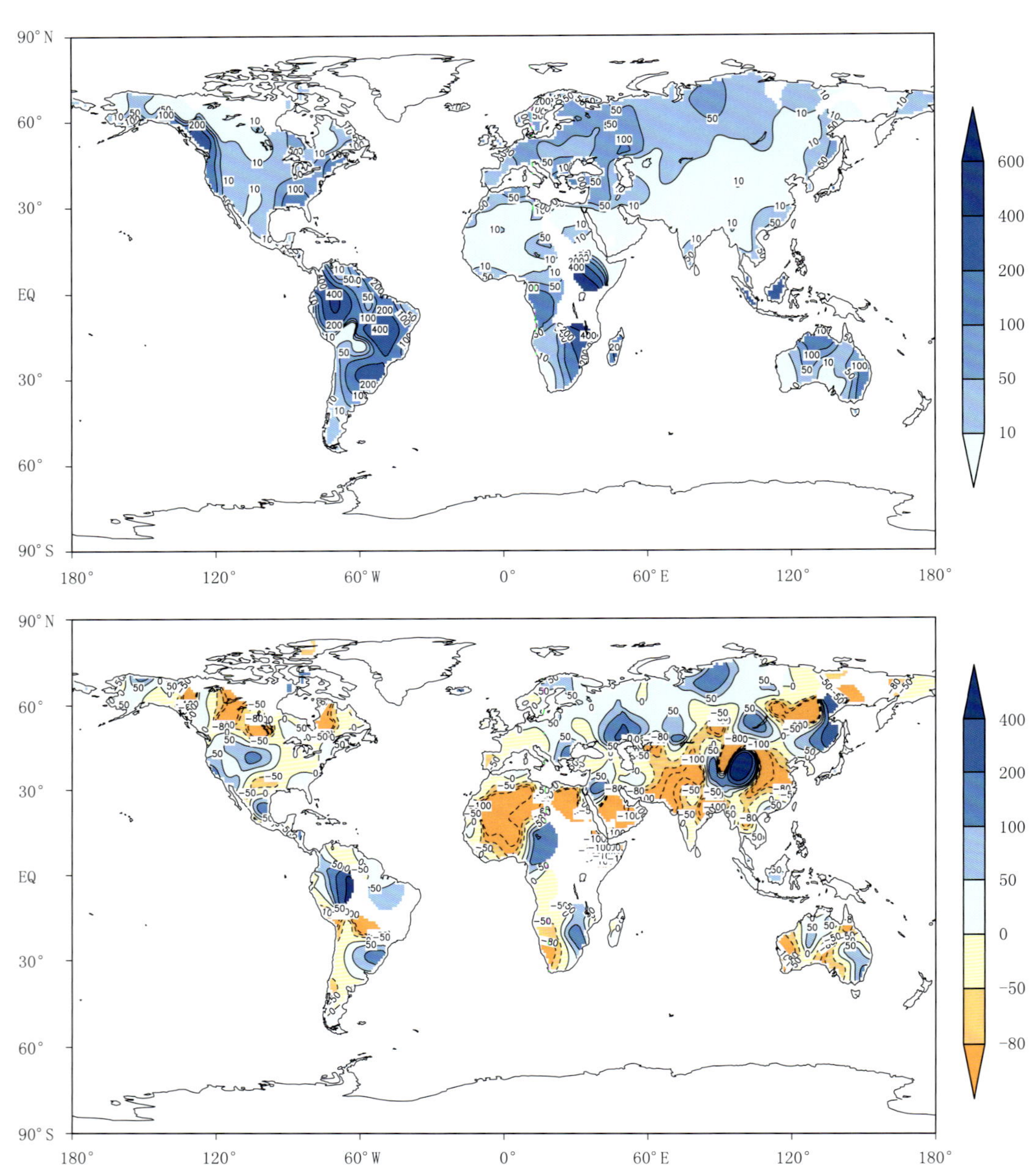

图 1.8　2014 年 12 月全球降水量(上,单位:mm)及距平百分率(下,单位:%)分布图

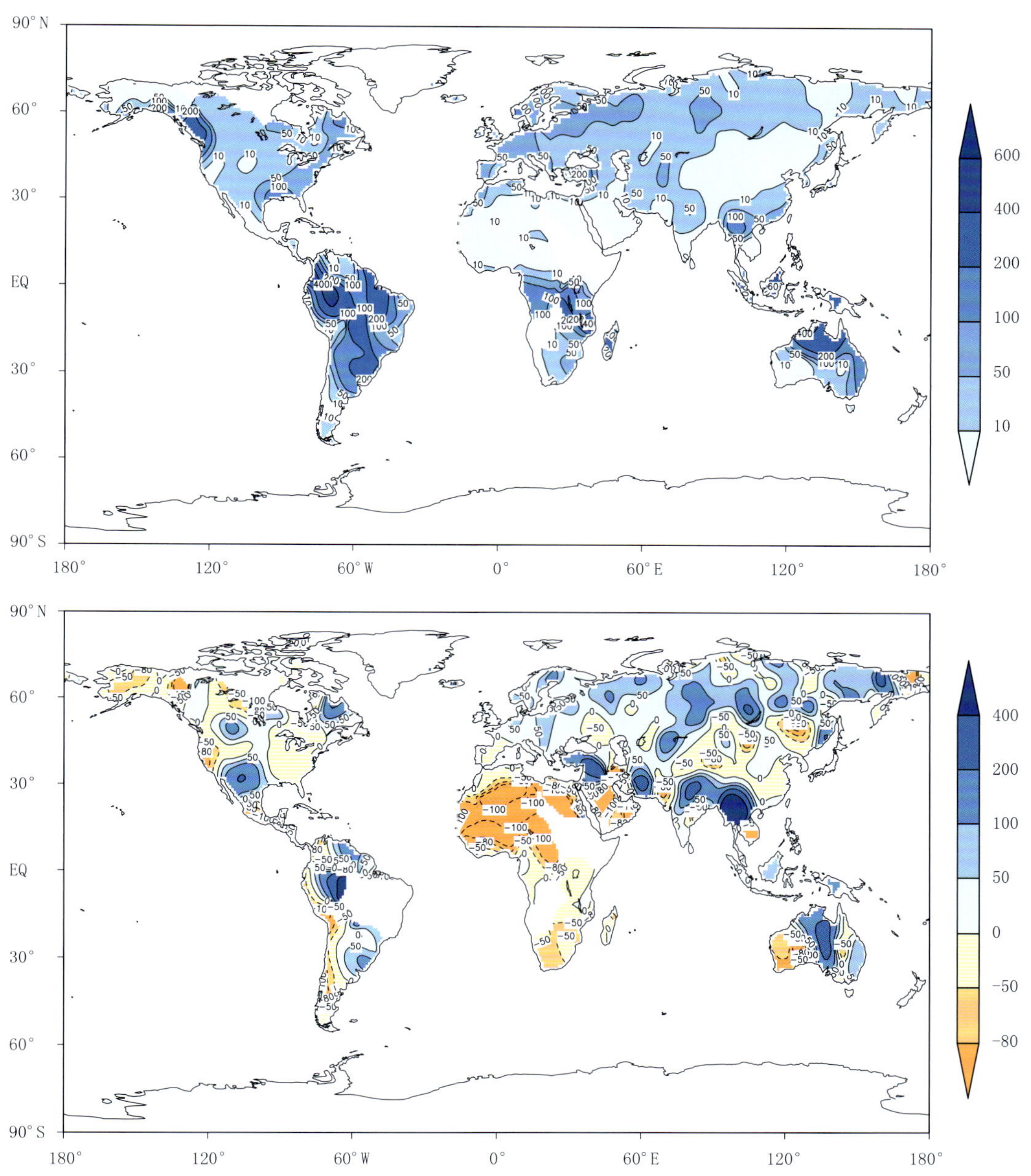

图 1.9 2015 年 1 月全球降水量(上,单位:mm)及距平百分率(下,单位:%)分布图

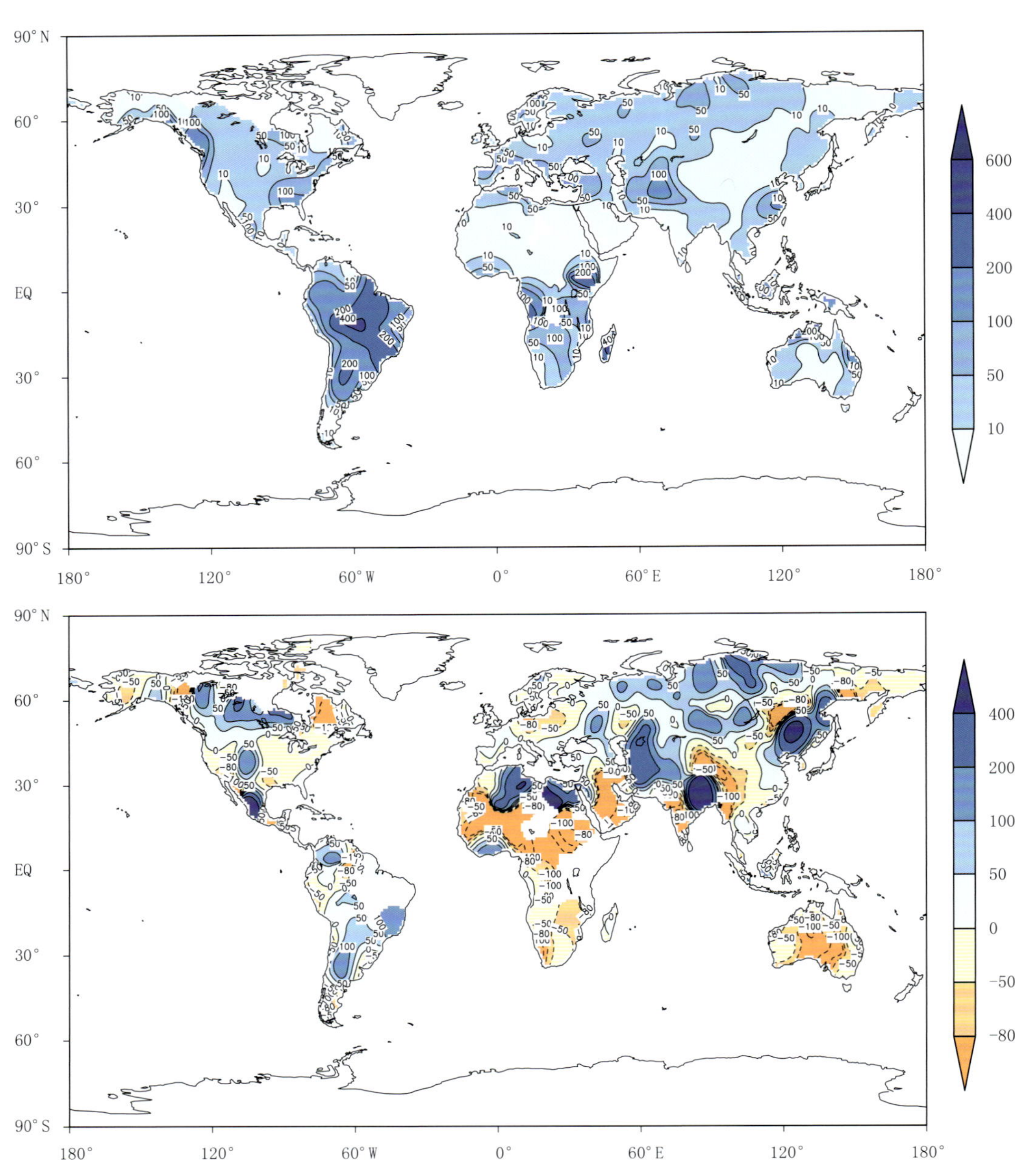

图 1.10　2015 年 2 月全球降水量(上,单位:mm)及距平百分率(下,单位:%)分布图

1.2.2　中国降水

2014/2015 年冬季,全国平均降水量为 38.5 mm,较常年同期(40.8 mm)偏少 5.6%(图 1.11)。从空间分布来看,江南大部、西南西北部、西北东部至江淮北部等地降水接近常年或偏少,其中内蒙古西部、河南西部、安徽北部、江苏北部、新疆西南局部等地偏少 50%~80%,局部偏少 80%以上。内蒙古东南部、东北、新疆东南部、青海中部、西藏中部、云南和华南南部等地降水偏多 50%至 2 倍,部分地区偏多 2 倍以上(图 1.12)。

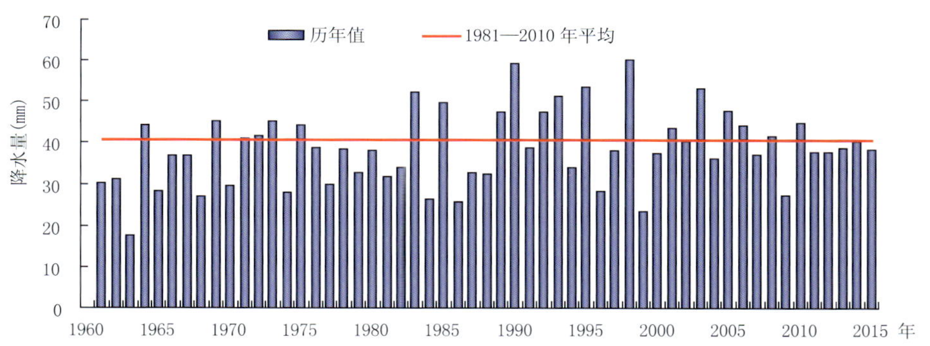

图1.11　1960/1961—2014/2015年冬季全国平均降水量历年变化图

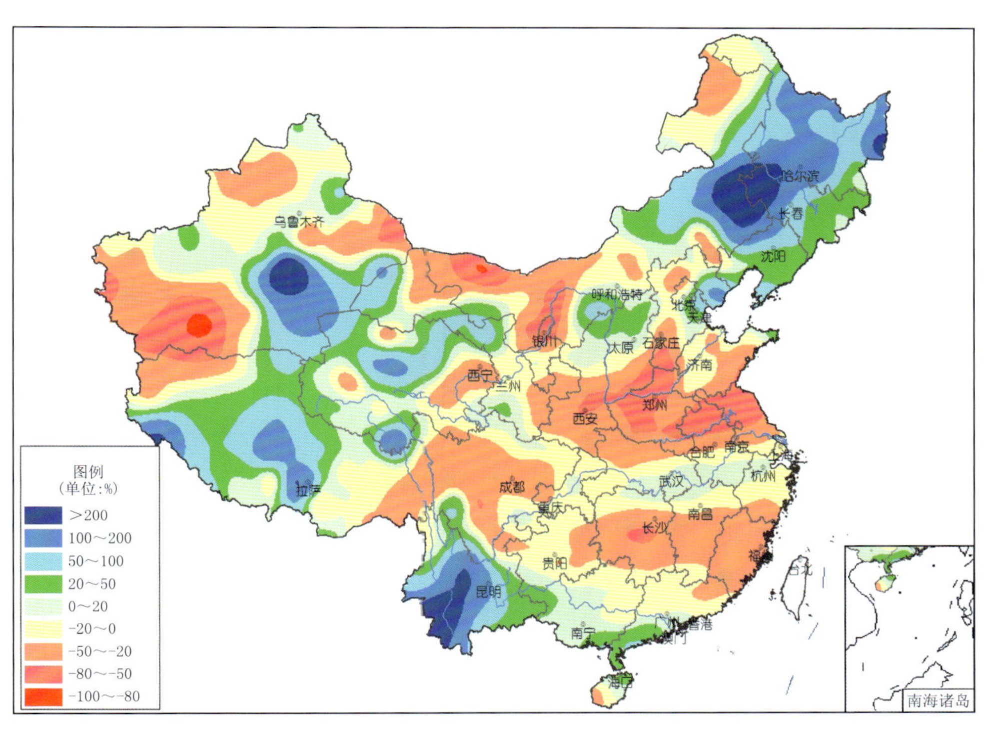

图1.12　2014/2015年冬季全国降水量距平百分率分布图

1.3　冷空气过程

2014/2015年冬季，全国共经历5次强冷空气过程及2次寒潮过程(表1.1)。

表 1.1　2014/2015 年中国强冷空气和寒潮过程列表

开始时间	结束时间	强度等级
2014 年 11 月 30 日	2014 年 12 月 2 日	全国型寒潮
2015 年 1 月 6 日	2015 年 1 月 8 日	全国型强冷空气
2015 年 1 月 30 日	2015 年 1 月 31 日	强冷空气
2015 年 2 月 8 日	2015 年 2 月 9 日	强冷空气
2015 年 2 月 19 日	2015 年 2 月 20 日	强冷空气
2015 年 2 月 22 日	2015 年 2 月 23 日	寒潮
2015 年 2 月 25 日	2015 年 2 月 26 日	强冷空气

从 2014/2015 年冬季主要寒潮过程和全国型强冷空气过程的降温幅度和路径来看：

(1)2014 年 11 月 30 日—12 月 2 日的全国型寒潮过程影响了中国北方和东部的大部地区，过程最大降温幅度普遍有 8～10℃，其中新疆东部、内蒙古大部、辽宁东南部、黄淮东部和长三角等地的最大降温幅度达 10～14℃(图 1.13)。此次冷空气过程为中偏西路径，降温最早出现在内蒙古东部及青海北部等地，然后向南推进。

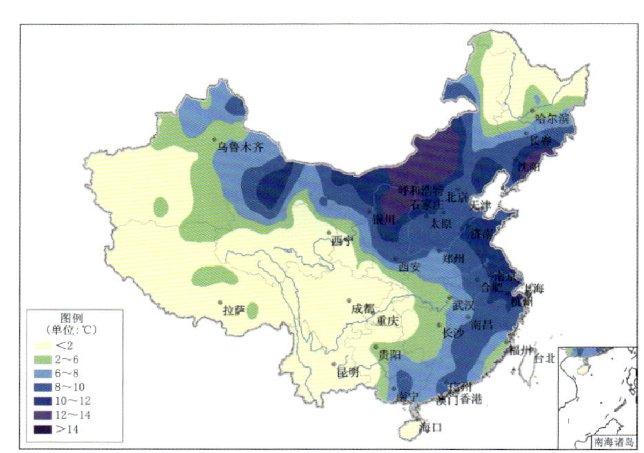

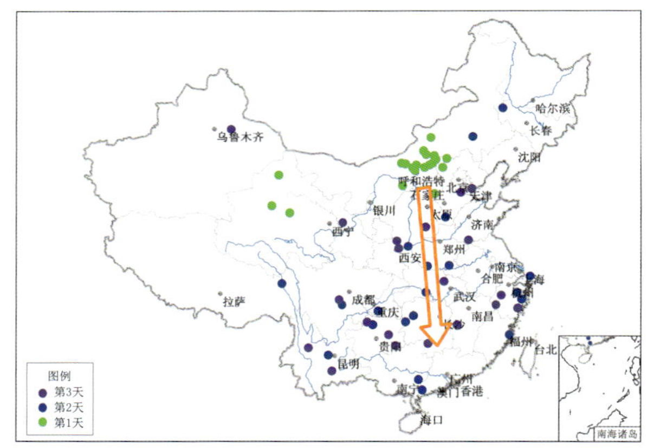

图 1.13　2014 年 11 月 30 日—12 月 2 日全国型寒潮过程最大降温幅度(左)及寒潮过程前 3 日降温幅度最大的台站(右)分布图(箭头示意冷空气南下路径)

(2)2015 年 1 月 6—8 日的全国型强冷空气主要影响中国东北大部、华北、黄淮、江淮、江汉、江南中部及青海、西藏、四川西部等地，过程最大降温幅度普遍有 6～8℃，其中黑龙江中部、吉林东部、辽宁东部、青海南部、西藏东北部和东南部等地达 10～12℃，部分地区 12℃以上(图 1.14)。此次冷空气过程为西偏东路径，自西北及华北西部向东和向南推进。

(3)2015 年 2 月 22—23 日的寒潮过程集中影响内蒙古及周边地区，过程最大降温幅度达 14℃以上(图 1.15)。此次冷空气过程以中部路径为主。

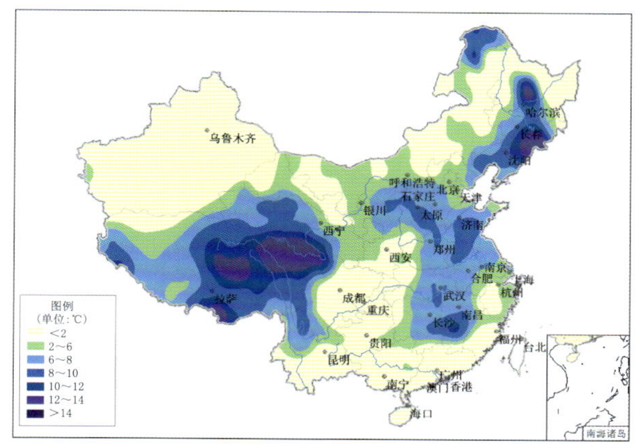

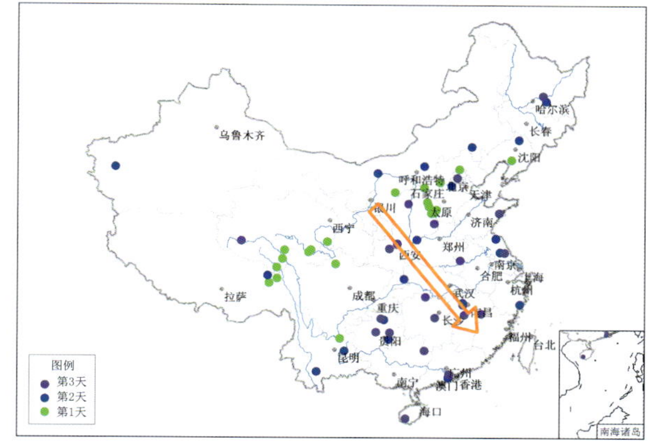

图 1.14 2015 年 1 月 6—8 日全国型强冷空气过程最大降温幅度(左)及强冷过程前 3 日降温幅度最大的台站(右)分布图(箭头示意冷空气南下路径)

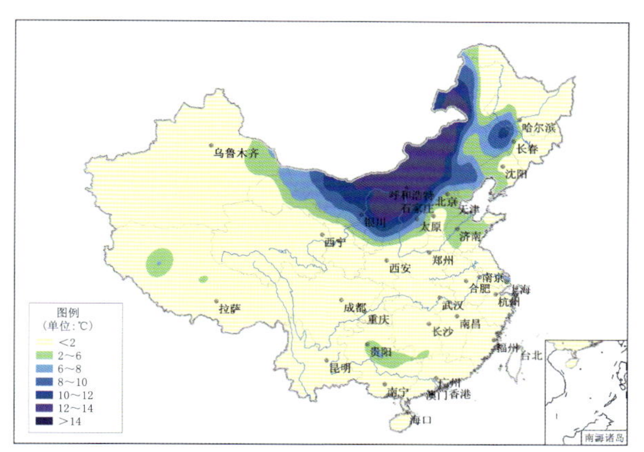

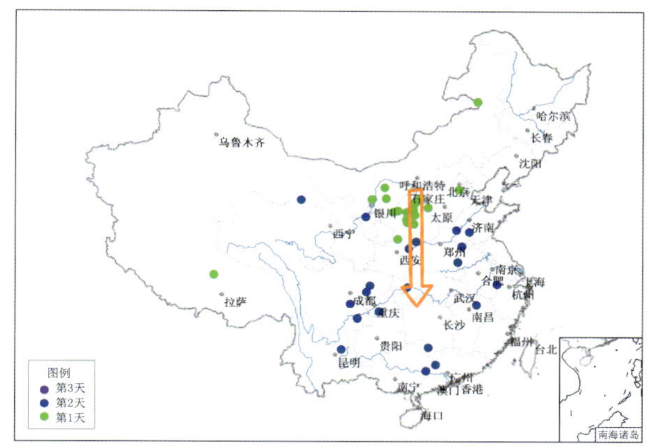

图 1.15 2015 年 2 月 22—23 日寒潮过程最大降温幅度(左)及寒潮过程前 3 日降温幅度最大的台站(右)分布图(箭头示意冷空气南下路径)

1.4 极端低温事件

2014/2015 年冬季,全国有 10 站发生极端低温事件,分布在新疆、青海、黑龙江和西藏等地,其中青海清水河(−45.9℃)和达日(−35.6℃)2 站极端低温突破历史极值(图 1.16)。从全国极端低温事件站次数历年变化来看,在 1977 年后全国极端低温事件站次数出现显著减少,这与 20 世纪 80 年代以来全球变暖密切相关。在全球变暖的背景下,2014/2015 年冬季,全国共有 24 站次出现极端低温事件,较常年同期(262 站次)偏少 238 站次(图 1.17)。

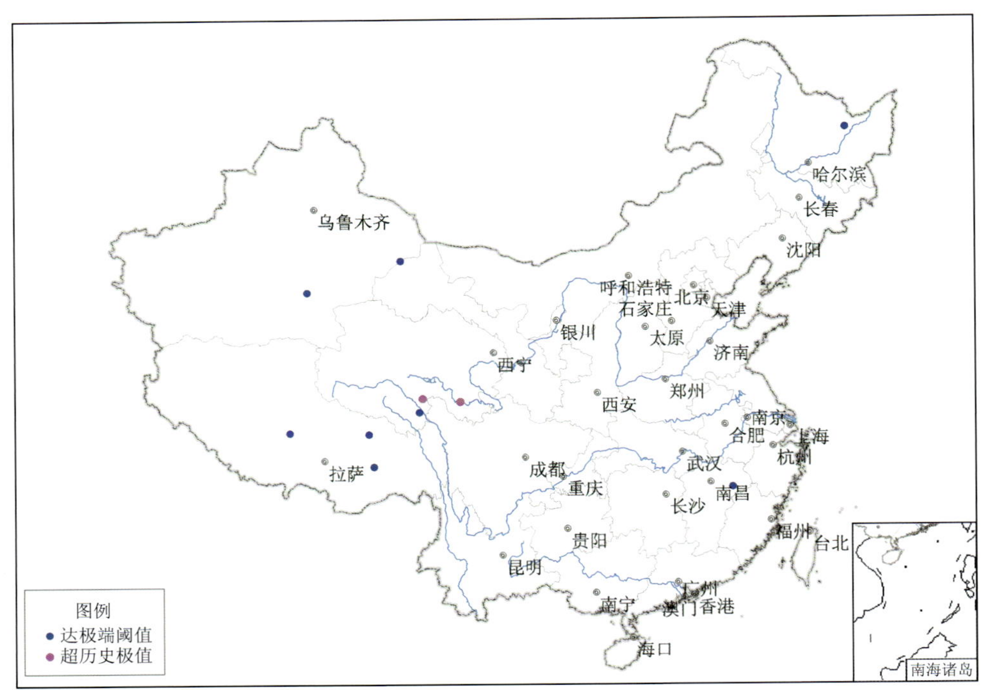

图 1.16　2014/2015 年冬季中国发生极端低温事件的站点分布图

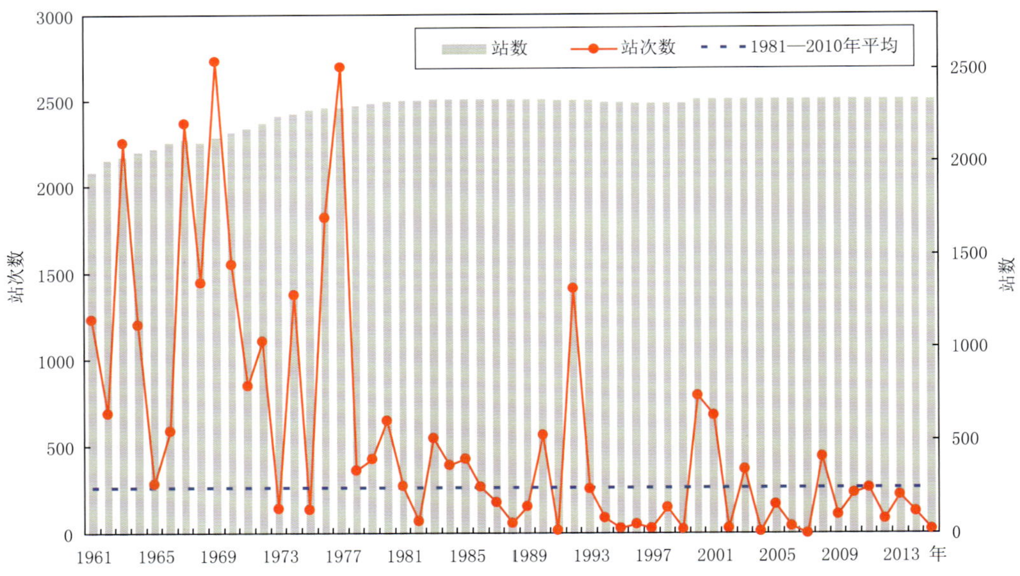

图 1.17　1960/1961—2014/2015 年冬季中国极端低温事件站次数的历年变化图

1.5 东亚冬季风环流系统

1.5.1 东亚冬季风强度

2014/2015 年冬季，东亚冬季风强度指数标准化距平为－0.2，即东亚冬季风较常年略偏弱（图 1.18 ）。

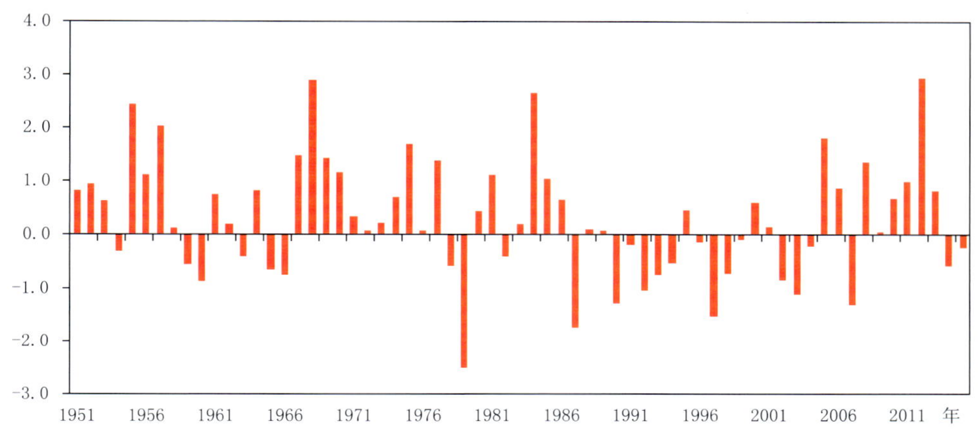

图 1.18 1950/1951—2014/2015 年东亚冬季风强度指数标准化距平历年变化图

1.5.2 冬季风系统成员

(1)西伯利亚高压

2014/2015 年冬季，西伯利亚高压强度指数标准化距平为－0.6，强度较常年偏弱（图 1.19）。

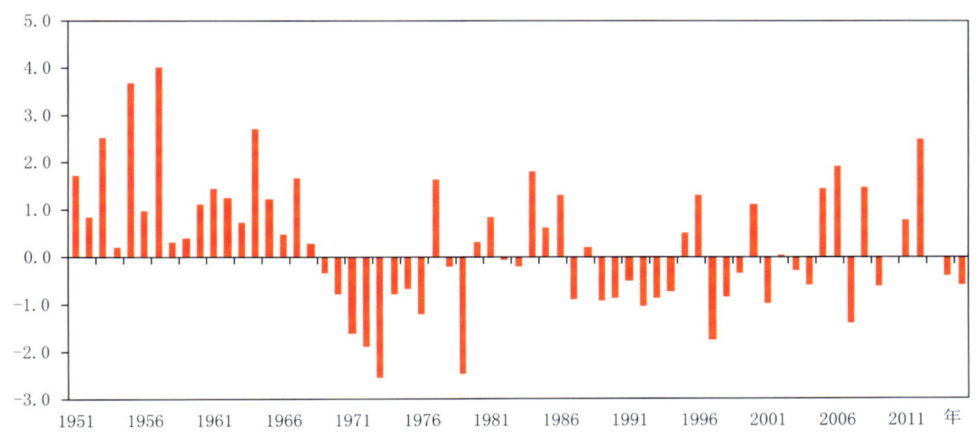

图 1.19 1950/1951—2014/2015 年冬季西伯利亚高压强度指数标准化距平历年变化图

(2)东亚大槽

2014/2015 年冬季，东亚大槽强度指数距平为 23.6，东亚大槽较常年偏浅(图 1.20)。

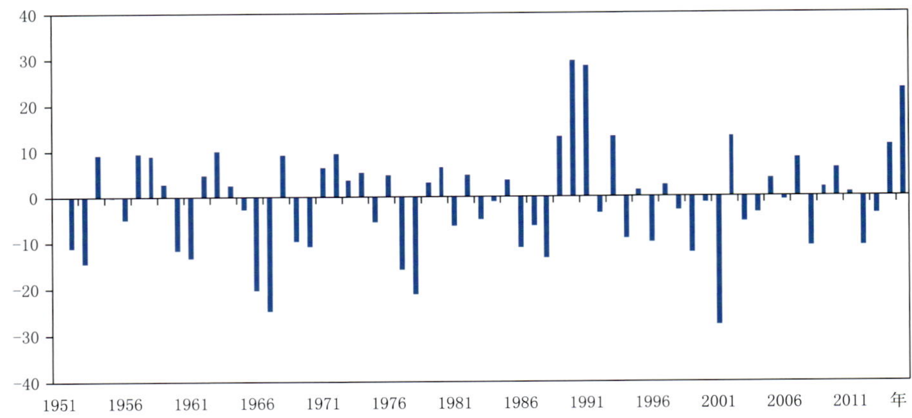

图 1.20　1951/1952—2014/2015 年冬季东亚大槽强度指数距平历年变化图

(3)东亚副热带西风急流

2014/2015 年冬季，东亚副热带西风急流指数为 6183.6，较常年(6437.4)偏小 253.8，急流偏弱(图 1.21)。东亚副热带西风急流核位于 137.2°E，31.9°N，较常年(137.9°E，32.5°N)偏西、偏南(图 1.22 和图 1.23)。

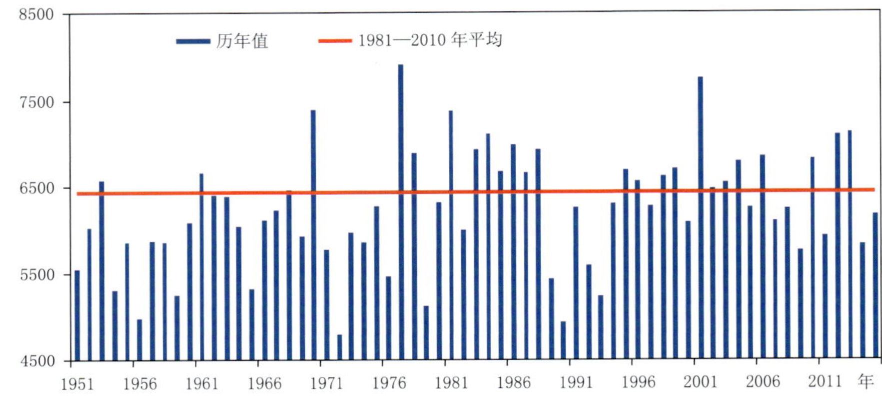

图 1.21　1950/1951—2014/2015 年冬季东亚副热带西风急流指数历年变化图

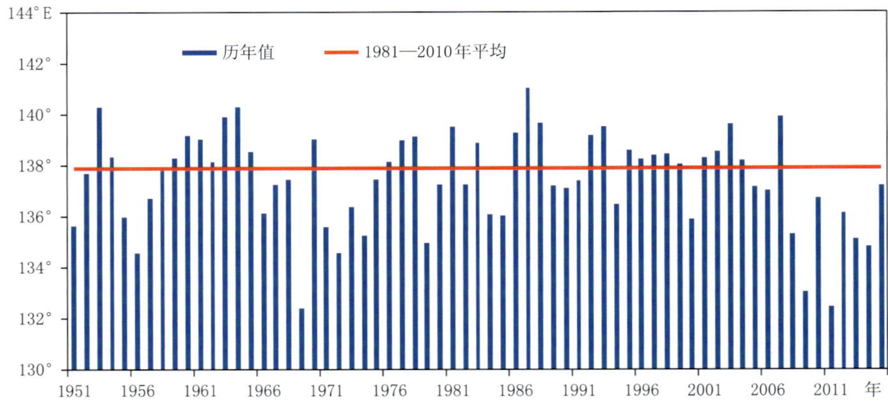

图 1.22　1950/1951—2014/2015 年冬季东亚副热带西风急流核经向位置历年变化图

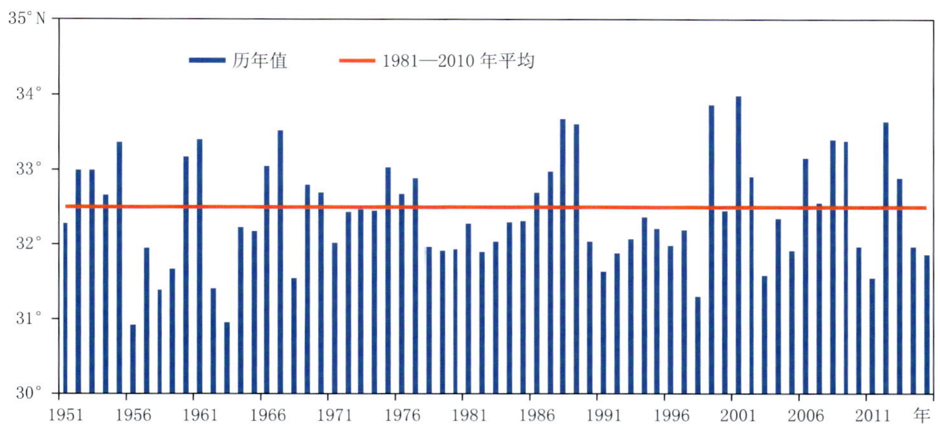

图 1.23 1950/1951—2014/2015 年冬季东亚副热带西风急流核纬向位置历年变化图

(4)北极涛动

2014/2015 年冬季,北极涛动以正位相为主,强度指数为 0.85(图 1.24)。从季内变化来看,除了 2014 年 12 月上旬前期和下旬后期、以及 2015 年 1 月下旬前期和 2 月上旬前期维持负位相外,其他时段基本维持正位相(图 1.25)。

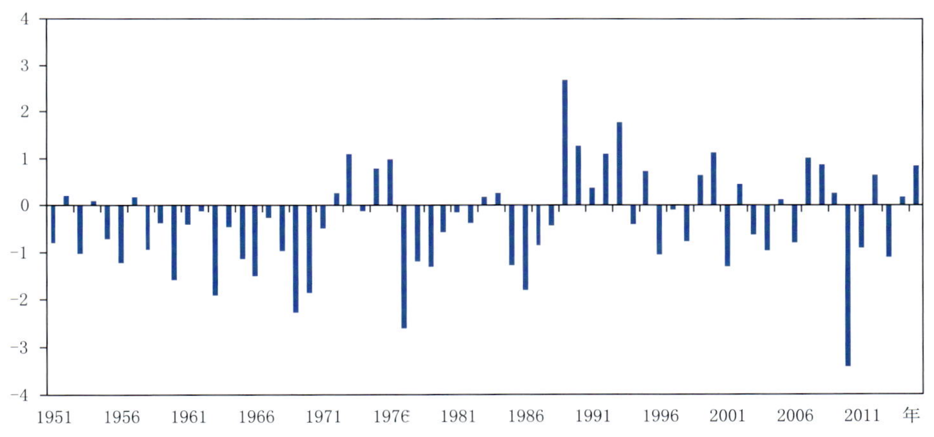

图 1.24 1951/1952—2014/2015 年冬季北极涛动指数历年变化图

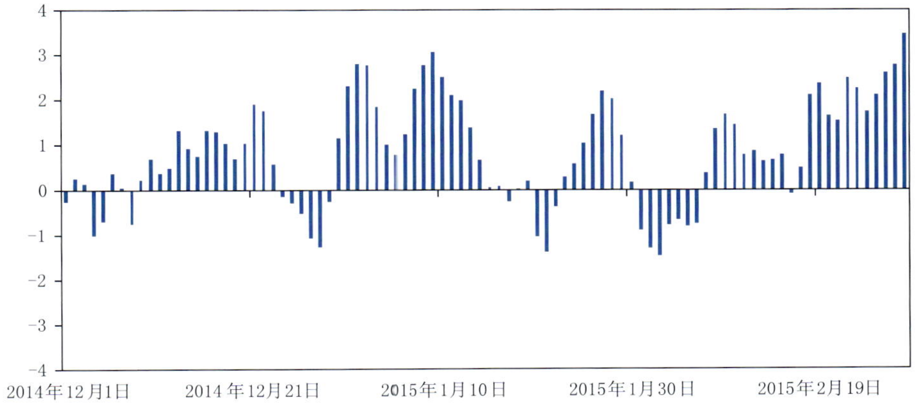

图 1.25 2014 年 12 月 1 日—2015 年 2 月 28 日北极涛动指数变化图

1.5.3 高低空环流特征

(1)海平面气压场

图 1.26～图 1.29 给出了 2014/2015 年冬季及季内各月海平面气压场的特征。从图中可以看出:冬季,欧洲东部为正高度距平,亚洲中高纬大部地区为负距平,西伯利亚高压较常年偏弱。

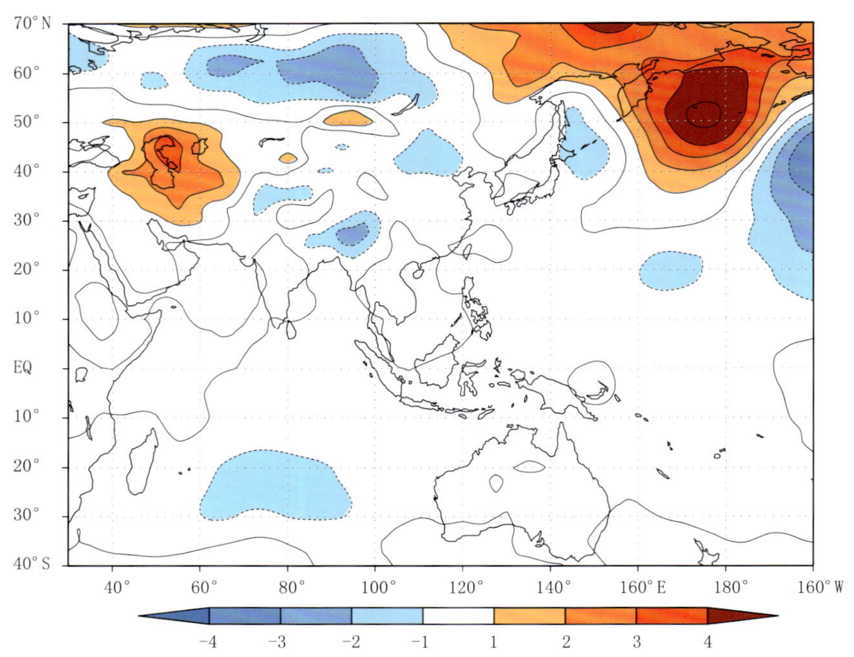

图 1.26　2014/2015 年冬季海平面气压距平分布图(单位:hPa)

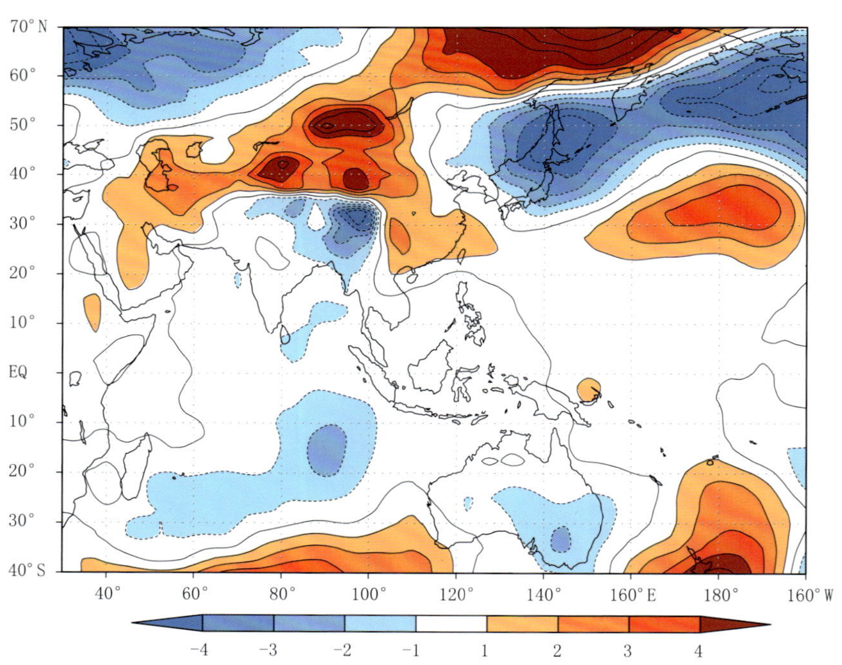

图 1.27　2014 年 12 月冬季海平面气压距平分布图(单位:hPa)

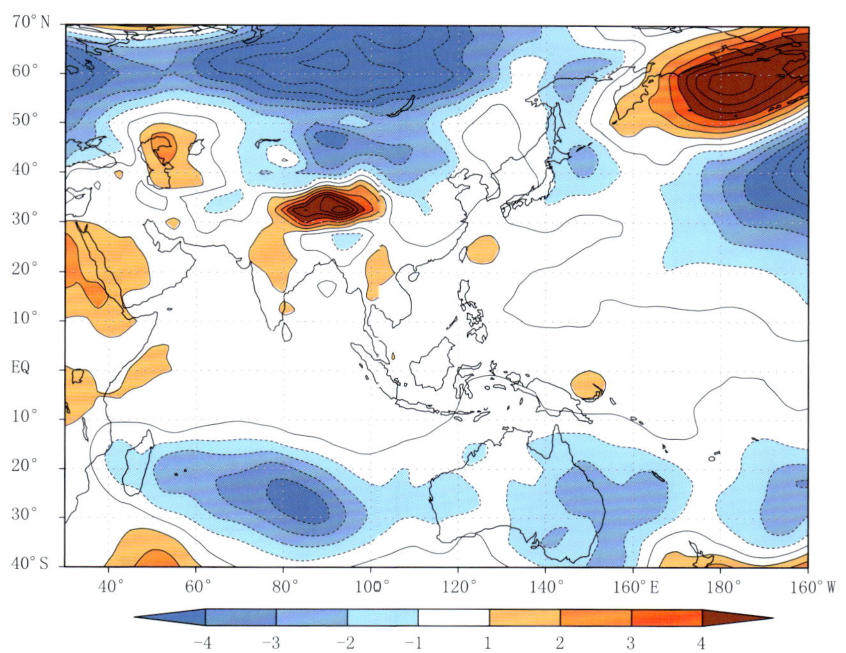

图 1.28 2015 年 1 月冬季海平面气压距平分布图(单位:hPa)

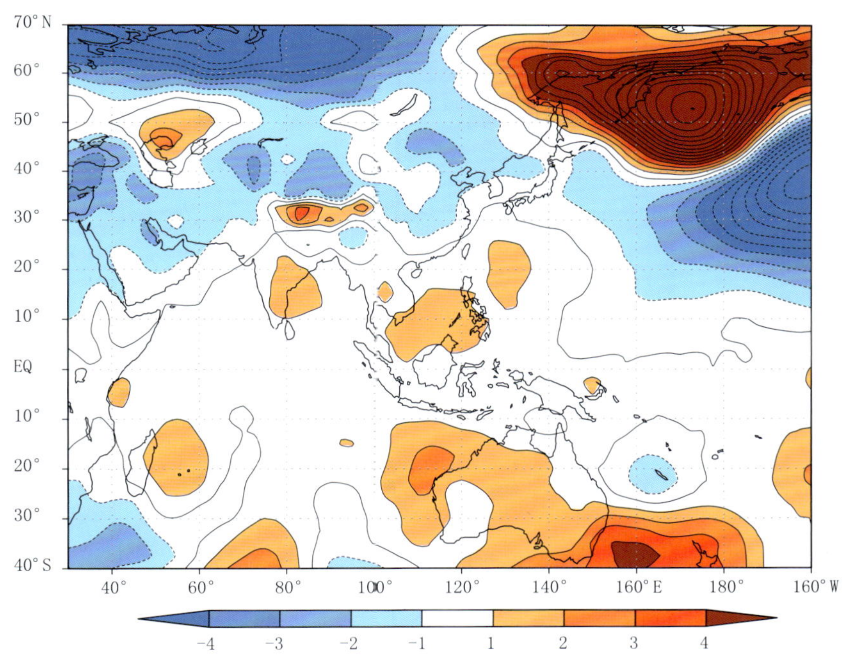

图 1.29 2015 年 2 月冬季海平面气压距平分布图(单位:hPa)

季内,西伯利亚高压地区海平面气压变化较大。其中,2014 年 12 月,西伯利亚高压较常年偏强,而 2015 年 1—2 月,西伯利亚高压较常年偏弱。

(2)850 hPa 风场

2014/2015 年冬季,在 850 hPa 风场上,贝加尔湖以北地区为弱的南风距平(图 1.30),贝加尔湖以南地区的经向风速接近常年。

从季内变化来看(图 1.31～图 1.33),2014 年 12 月,东亚东北部为偏北风距平,冬季风较常年偏强;2015 年 1—2 月,低层风场发生了调整,中国东北部地区主要受偏南风距平的影响。

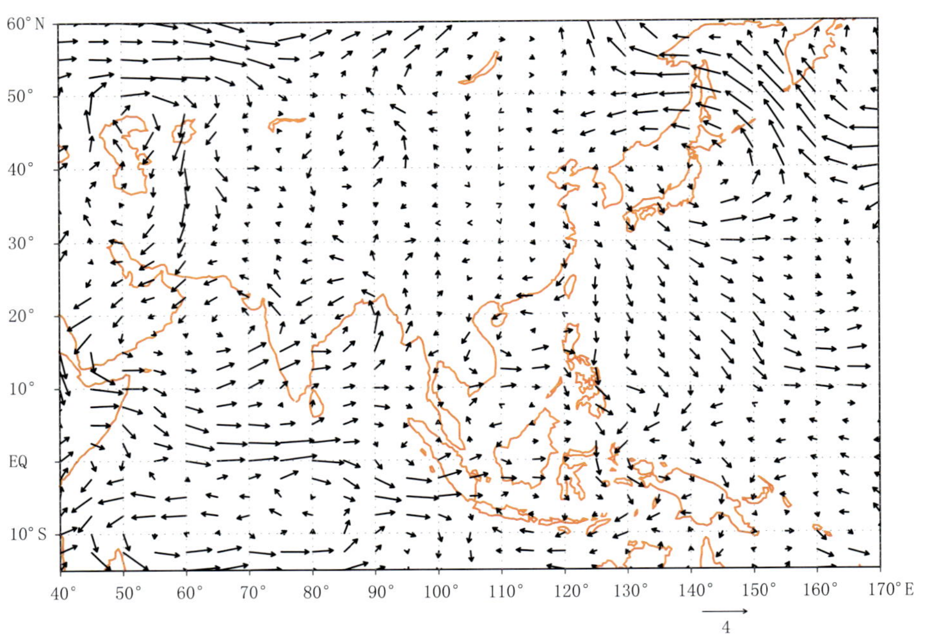

图 1.30　2014/2015 冬季 850 hPa 风场距平分布图(单位:m/s)

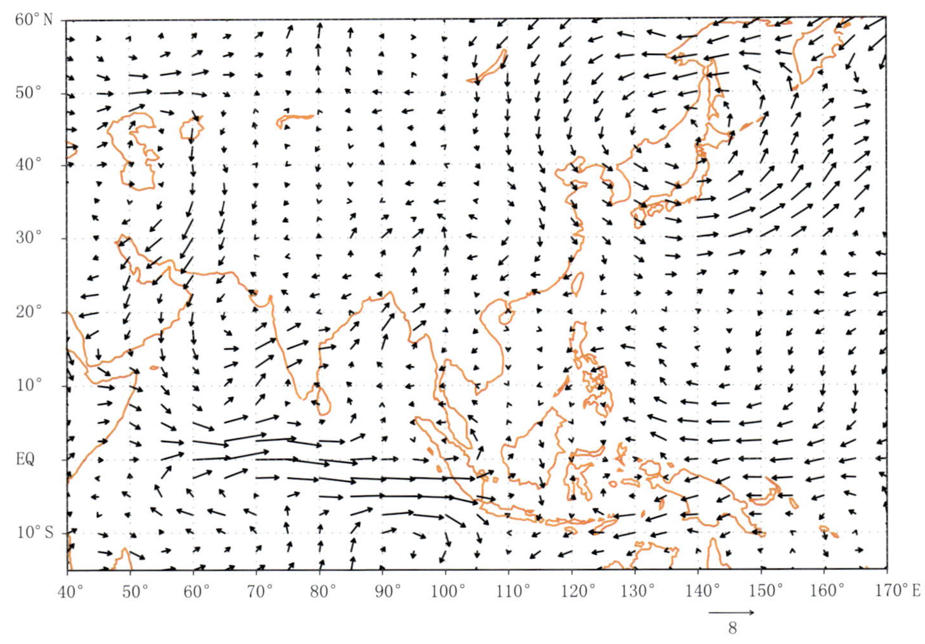

图 1.31　2014 年 12 月 850 hPa 风场距平分布图(单位:m/s)

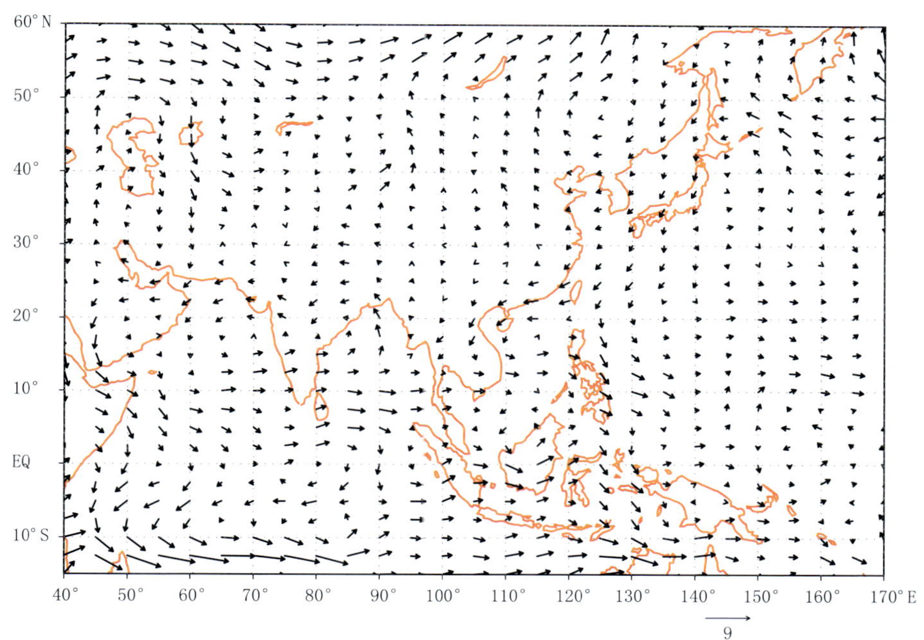

图 1.32 2015 年 1 月 850 hPa 风场距平分布图(单位:m/s)

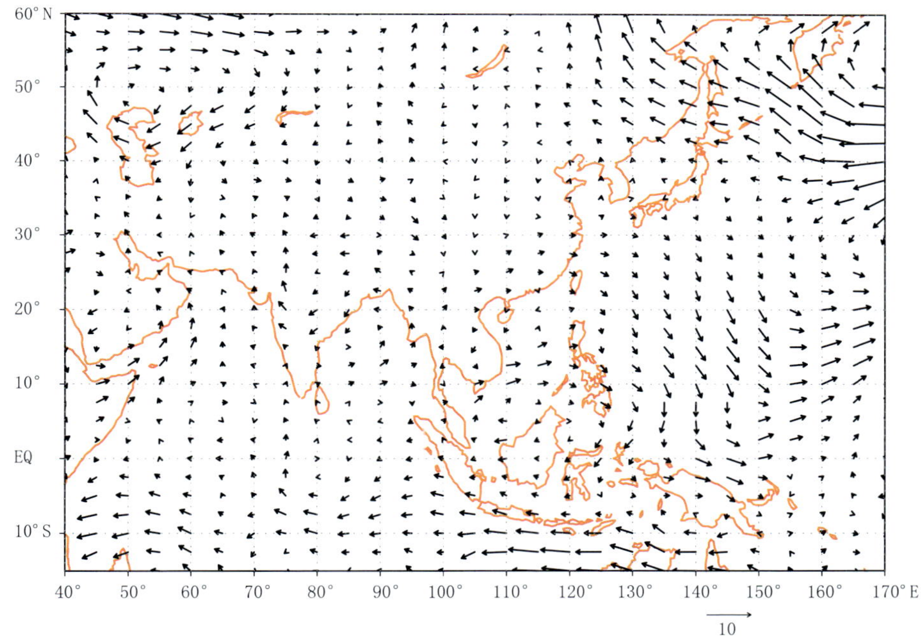

图 1.33 2015 年 2 月 850 hPa 风场距平分布图(单位:m/s)

(3)水汽输送场

2014/2015 冬季,整层积分水汽输送距平场上(图 1.34),影响中国的异常水汽输送通道有两支:①来自孟加拉湾的偏南风距平水汽输送,主要将水汽输送到中国西南地区;②来自日本海及以北地区的偏东风异常水汽输送,将水汽输送至我国东北地区。

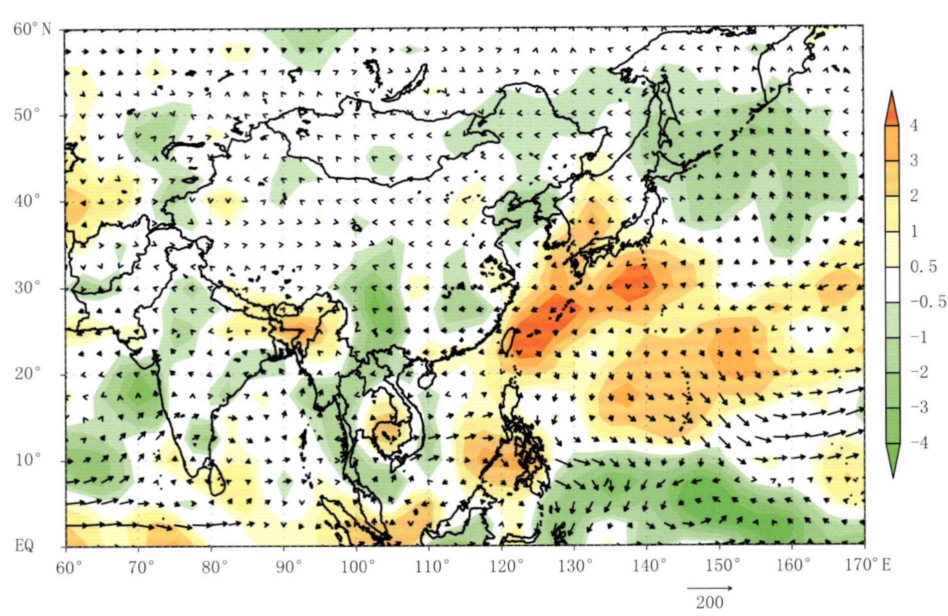

图 1.34 2014/2015 年冬季整层积分水汽输送(矢量;单位:kg/(s·m))和辐合辐散距平(彩色阴影;单位 10^{-5} kg/(s·m^2))分布图

从季内变化来看(图 1.35～图 1.37),2014 年 12 月,影响中国华南地区的水汽通道主要是来自西太平洋的异常偏东气流;2015 年 1 月,影响中国西南地区的水汽主要是来自孟加拉湾的异常南风气流;2015 年 2 月,影响中国东北地区的水汽主要是来自日本海及以北地区的异常偏东风气流。

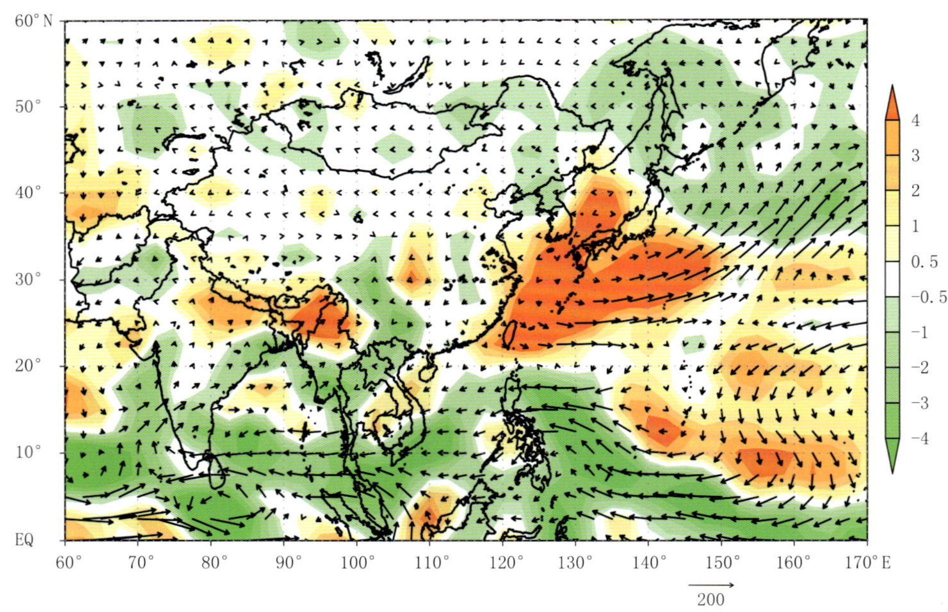

图 1.35 2014 年 12 月整层积分水汽输送(矢量;单位:kg/(s·m))和辐合辐散距平(彩色阴影;单位 10^{-5} kg/(s·m^2))分布图

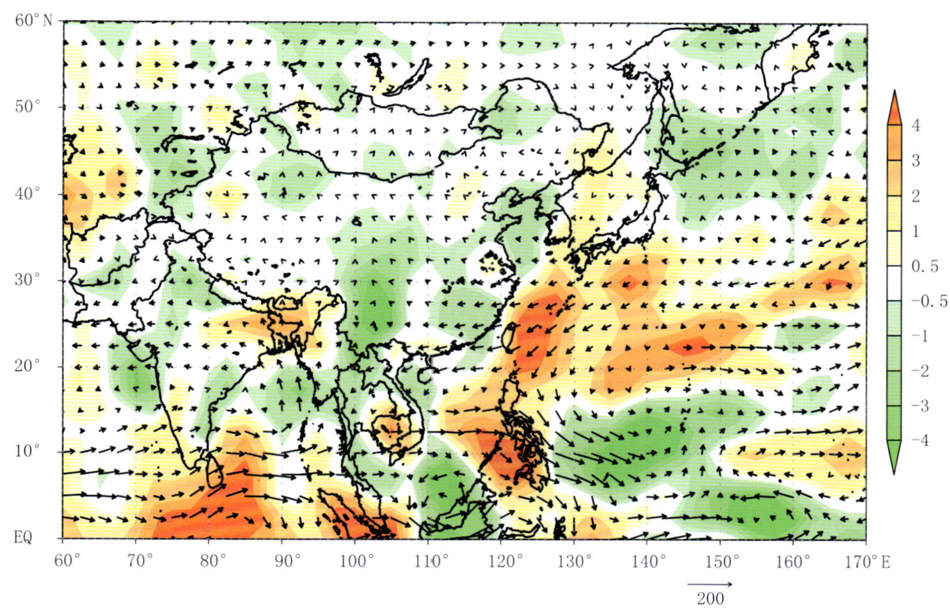

图 1.36 2015 年 1 月整层积分水汽输送(矢量;单位:kg/(s·m))和辐合辐散距平(彩色阴影;单位 10^{-5} kg/(s·m^2))分布图

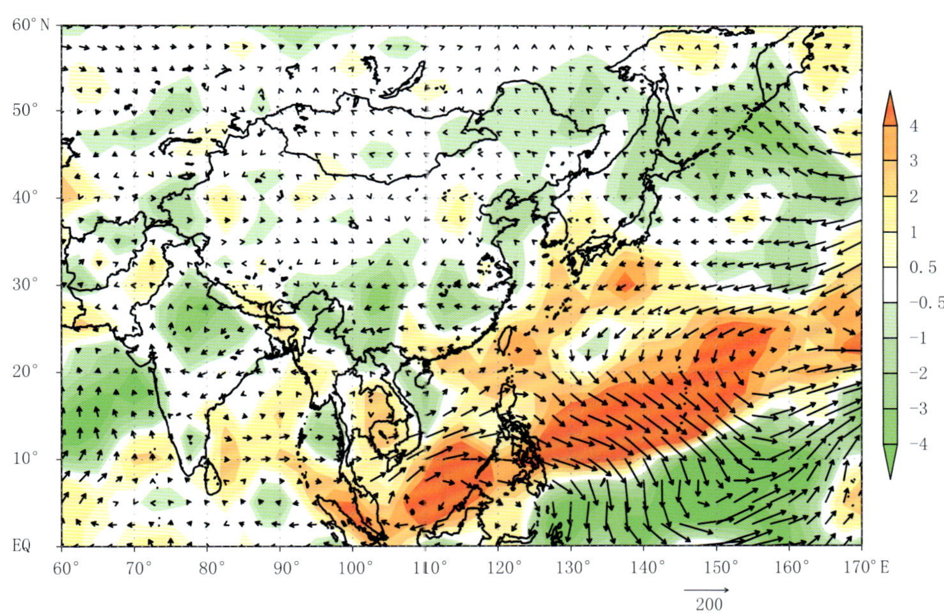

图 1.37 2015 年 2 月整层积分水汽输送(矢量;单位:kg/(s·m))和辐合辐散距平(彩色阴影;单位 10^{-5} kg/(s·m^2))分布图

(4)500 hPa 高度场

2014/2015 年冬季,500 hPa 高度场上(图 1.38),北极部分地区为负距平控制,欧亚中高纬地区高度场总体偏高。受此影响,东亚大部为正高度距平。

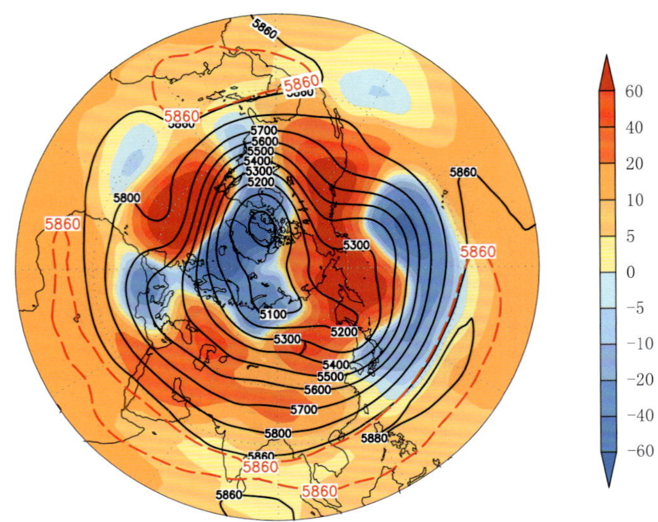

图 1.38　2014/2015 年冬季 500 hPa 位势高度平均值(等值线)及距平(彩色阴影)分布图(单位:gpm)
(红色等值线表示气候平均的 5860 gpm 和 5880 gpm 等值线,近似代表西太副高气候平均的位置)

从季内变化来看(图 1.39～图 1.41),2014 年 12 月,欧亚中高纬度为"西脊东槽"型,东亚大槽偏深,有利于冷空气南下影响中国东部。2015 年 1 月,环流形势发生了调整,欧亚中高纬度地区为"西槽东脊"型,中国大部为正高度距平控制,冷空气活动偏弱。2015 年 2 月,东亚地区正高度距平的范围继续扩大,容易导致中国气温偏高。

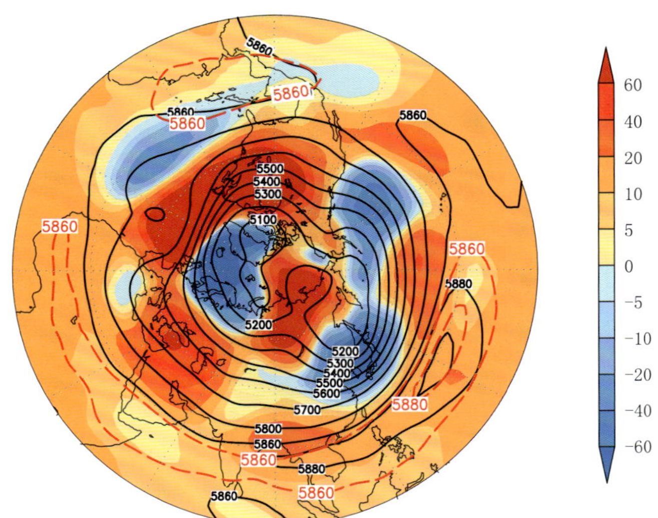

图 1.39　2014 年 12 月 500 hPa 位势高度平均值(等值线)及距平(彩色阴影)分布图(单位:gpm)
(红色等值线表示气候平均的 5860 gpm 和 5880 gpm 等值线,近似代表西太副高气候平均的位置)

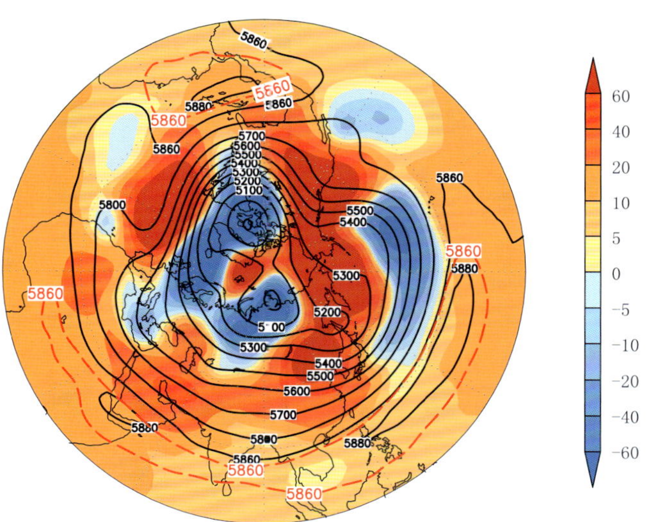

图 1.40 2015 年 1 月 500 hPa 位势高度平均值(等值线)及距平(彩色阴影)分布图(单位:gpm)
(红色等值线表示气候平均的 5860 gpm 和 5880 gpm 等值线,近似代表西太副高气候平均的位置)

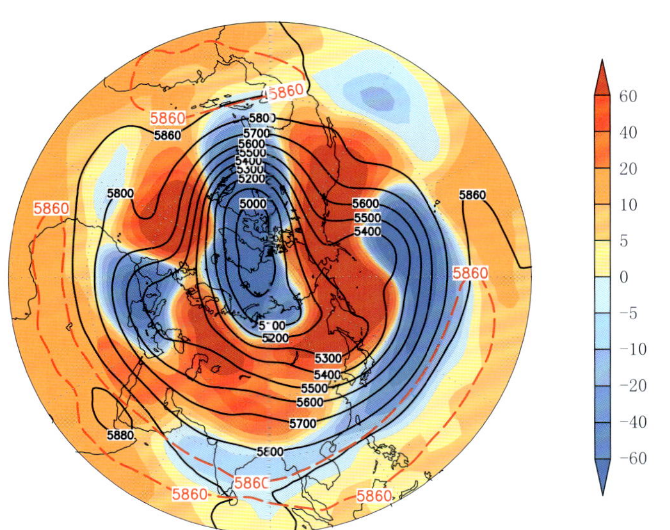

图 1.41 2015 年 2 月 500 hPa 位势高度平均值(等值线)及距平(彩色阴影)分布图(单位:gpm)
(红色等值线表示气候平均的 5860 gpm 和 5880 gpm 等值线,近似代表西太副高气候平均的位置)

(5)200 hPa 纬向风场

2014/2015 年冬季，在 200 hPa 纬向风场上，东亚副热带急流在大陆和海洋上表现出不同的特征。大陆上的急流总体偏强。而位于太平洋上空的副热带急流总体偏强、位置偏北(图 1.42)。从季节内变化来看(图 1.43～图 1.45)，2014 年 12 月，东亚和西北太平洋上空的副热带急流偏强，2015 年 1 月，海洋上空的急流开始转弱，2015 年 2 月，急流异常偏南。

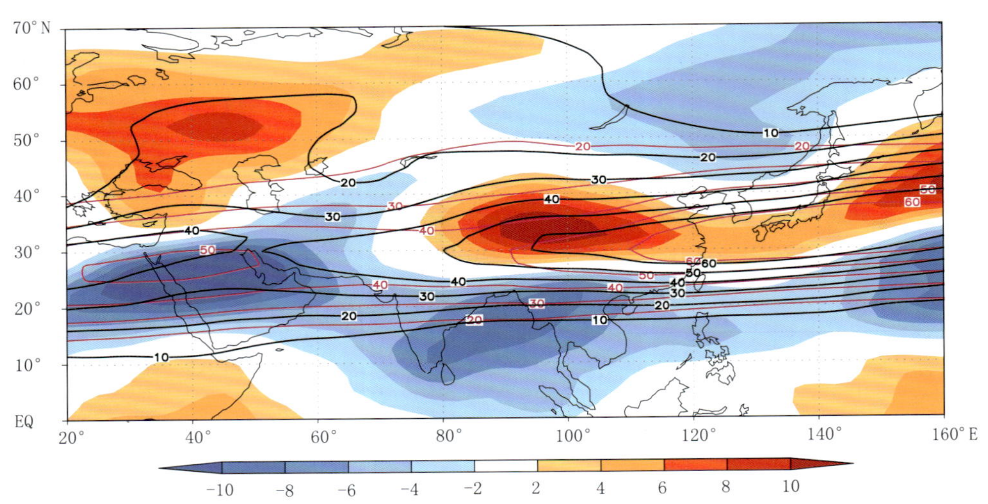

图 1.42　2014/2015 年冬季 200 hPa 纬向风平均场(等值线)及距平(彩色阴影)分布图(单位：m/s)
(红色等值线代表气候平均的 20～60 m/s 等值线，近似代表急流中心气候平均的位置)

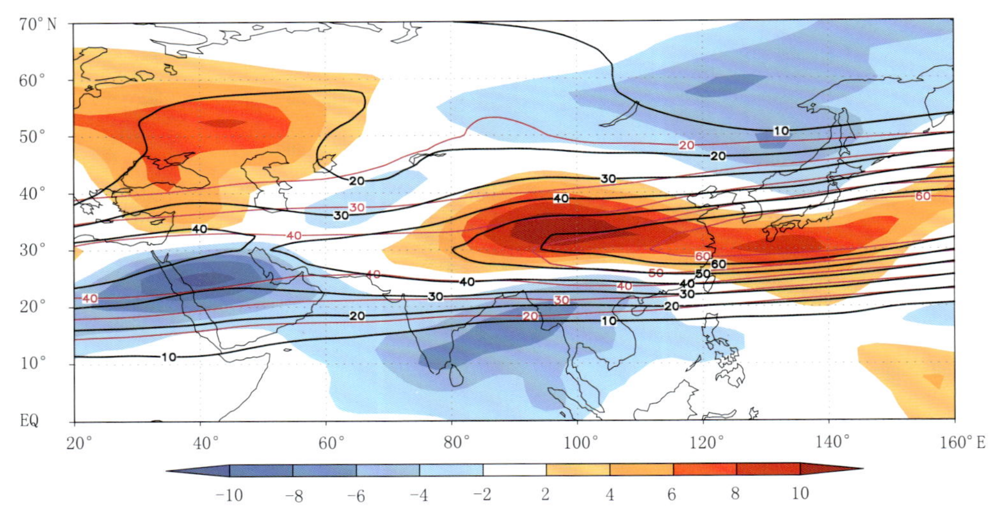

图 1.43　2014 年 12 月 200 hPa 纬向风平均场(等值线)及距平(彩色阴影)分布图(单位：m/s)
(红色等值线代表气候平均的 20～60 m/s 等值线，近似代表急流中心气候平均的位置)

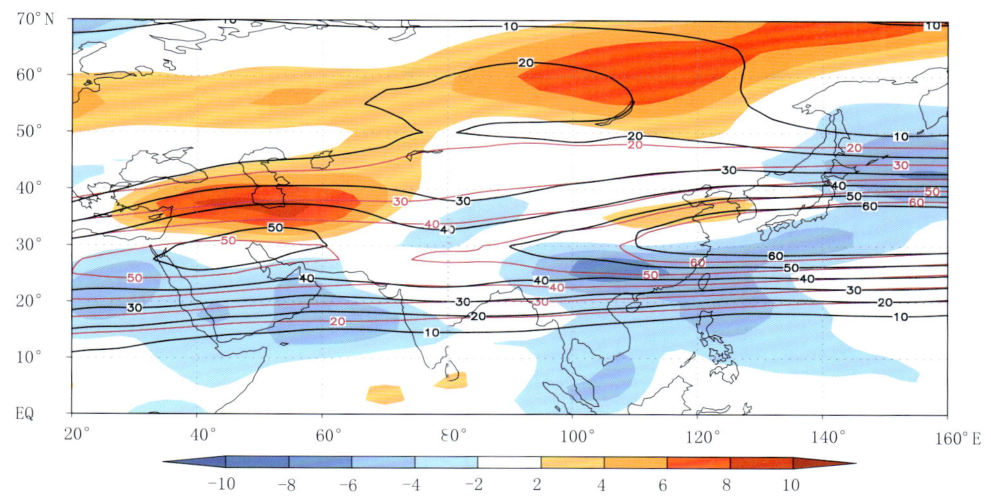

图 1.44 2015 年 1 月 200 hPa 纬向风平均场(等值线)及距平(彩色阴影)分布图(单位:m/s)(红色等值线代表气候平均的 20～60 m/s 等值线,近似代表急流中心气候平均的位置)

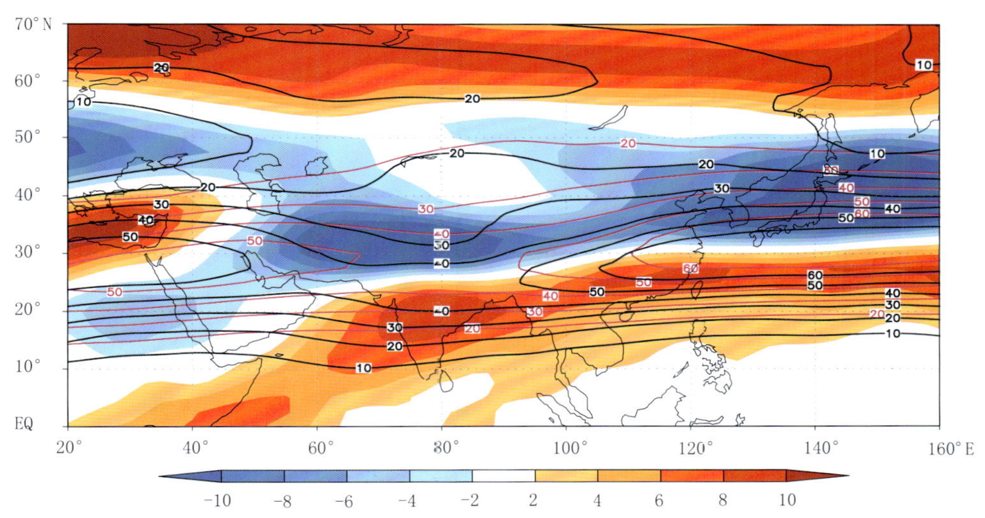

图 1.45 2015 年 2 月 200 hPa 纬向风平均场(等值线)及距平(彩色阴影)分布图(单位:m/s)(红色等值线代表气候平均的 20～60 m/s 等值线,近似代表急流中心气候平均的位置)

1.5.4 阻塞高压活动

2014/2015 年冬季,阻塞高压(简称“阻高”)活动较弱。前冬(2014 年 11 月至 2015 年 1 月),北半球中高纬度没有出现明显的阻高活动。2 月上旬,鄂霍次克海地区上空有一次阻高建立和西移的过程,使得东亚中高纬地区的环流经向度加大。3 月中旬,乌拉尔山以西地区上空出现了一次较弱的阻高活动,这次阻高活动与 2 月上旬的阻高相比更加稳定少动(图 1.46)。

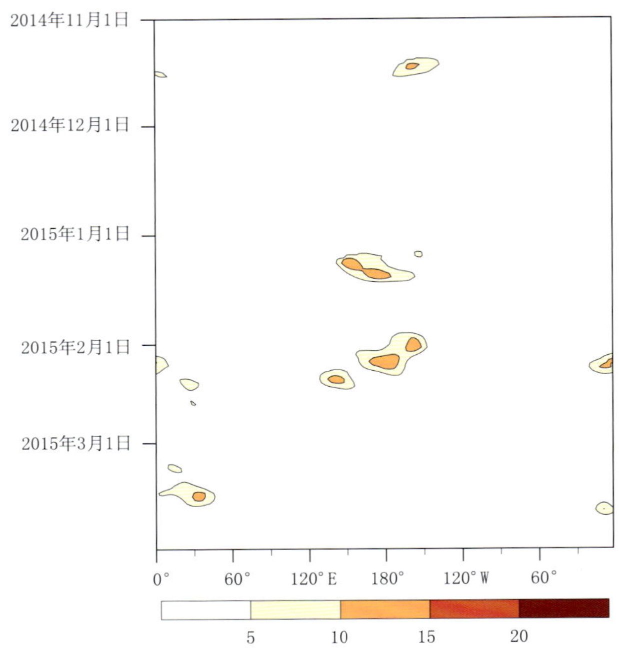

图 1.46 2014/2015 年冬季北半球阻塞高压指数时间—经度演变特征图(单位:gpm/纬度)

1.5.5 平流层过程

2014 年 12 月,平流层北半球高纬度地区一直为负高度距平控制,表明平流层极涡偏强。自 2014 年 12 月末至 2015 年 1 月中旬,伴随一次平流层爆发性增温过程,北半球高纬度地区平流层转为正高度距平,极涡强度减弱(图 1.47 上)。从平流层波动热通量(图略)和纬向风的演变(图 1.47 下)来看,2015 年 1 月初开始,150 hPa 上有异常强的上传波动热通量,并在平流层辐合,引起平流层 20 hPa 的纬向东风异常,导致纬向基本流的减速。伴随着纬向西风减速作用,平流层极涡强度大大减弱,减弱的幅度在 1 月上中旬达到最大,西风环流逆转为东风环流,形成暖的极区,导致平流层出现爆发性增温现象。在 2015 年 1 月下旬,平流层 20 hPa 又出现了一次东风异常波动,使得平流层正高度距平维持到 2 月初,此后,极区建立的东风环流不利于波动热通量的上传,抑制了对流层能量的向上频散,使平流层大气环流在非绝热过程的调整下向辐射平衡发展,产生西风加速,从而逐渐恢复西风环流。2 月北半球高纬度地区平流层也重新转变为负高度距平,极涡偏强。

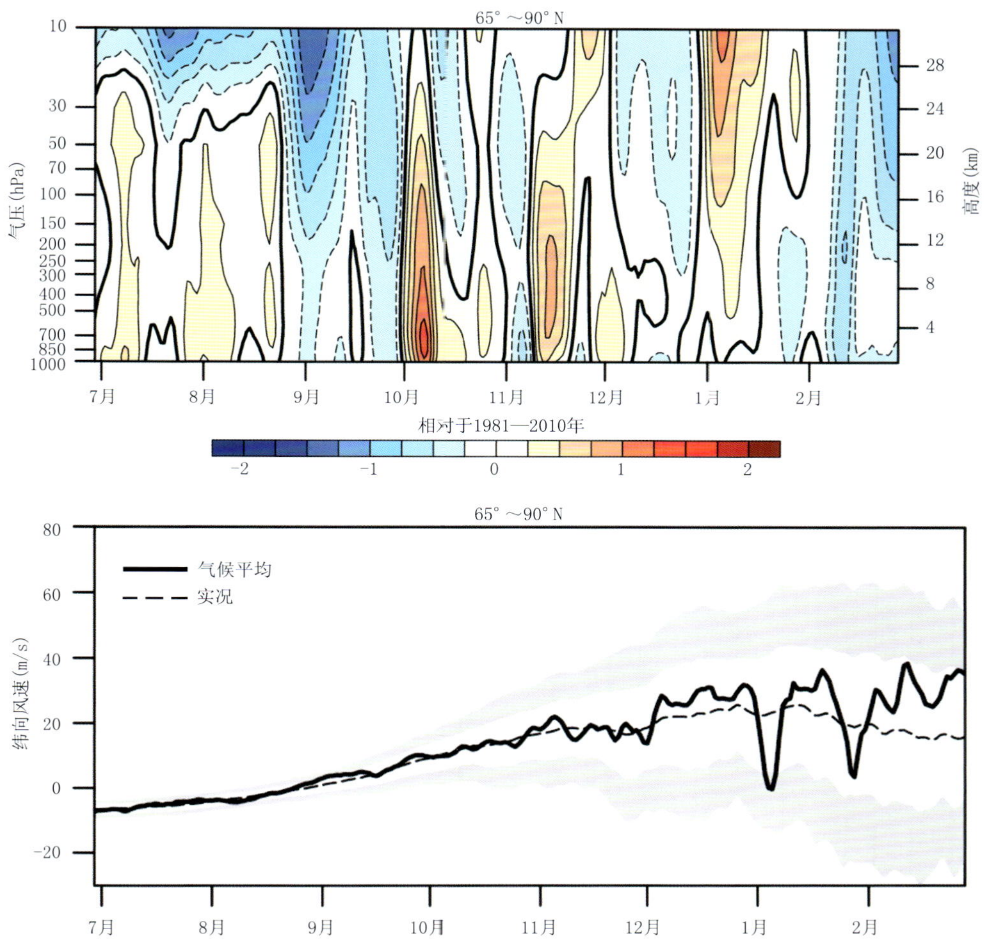

图 1.47 2014 年 7 月—2015 年 2 月北半球高纬度地区标准化高度距平(上)和 20 hPa 高层纬向风(下,实际值、气候态和标准差的叠加分别用实线、虚线和灰度表示)演变图

1.6 热带大气季节内振荡(MJO)活动

2014/2015 年冬季,MJO(Madden-Julian Oscillation)强度阶段性变化明显。2014 年 12 月上旬和下旬,以及 2015 年 1 月和 2 月上旬以偏强为主,其余时段以偏弱为主(图 1.48)。具体来说,2014 年 12 月上旬,MJO 强度偏强,并由第 5 位相传播到第 7 位相,而强度则随之转强。12 月中旬,MJO 显著偏弱。12 月下旬开始又由弱转强,从第 3 位相传播到第 5 位相。2015 年 1 月至 2 月上旬,MJO 异常活跃,从第 5 位相传播到第 8 位相;此后,MJO 活动减弱。因此,MJO 在整个冬季强度阶段性变化显著,经历了“强—弱—强—弱”的特征,且对流活跃位相主要位于海洋性大陆和热带西太平洋地区,而印度洋地区对流很弱。

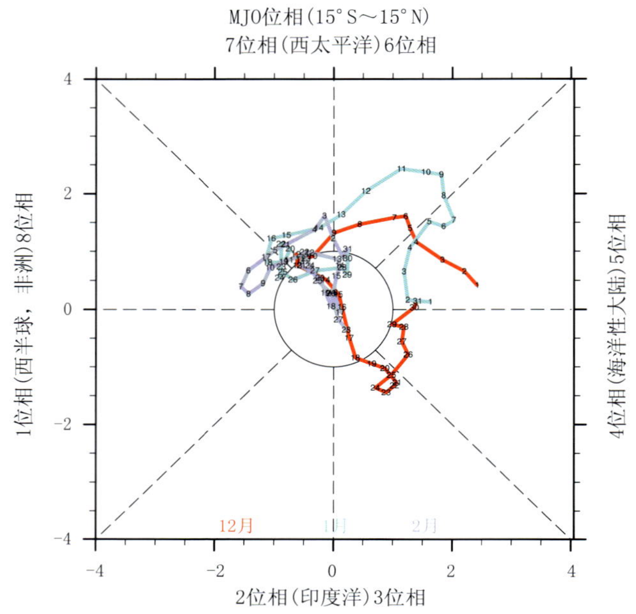

图 1.48 2014 年 12 月—2015 年 2 月 MJO 指数演变图
(MJO 指数在中心圆以内强度偏弱,反之亦然)

第 2 章 东亚夏季风

2015 年，亚洲热带季风最早于 5 月第 2 候（全年第 26 候）在赤道东印度洋建立，然后分别向西北及东北方向推进。南海夏季风于 5 月第 5 候爆发，10 月第 2 候结束，爆发时间与常年时间一致，结束偏晚，强度偏弱。

夏季，东亚副热带夏季风强度接近常年，西太平洋副热带高压显著偏强、偏西、脊线位置接近常年，西北太平洋热带辐合带（季风槽）强度略偏弱。在此环流特征影响下，东亚地区降水以偏少为主，仅中国江淮至江南北部、日本南部、蒙古国西南部降水偏多；东亚地区气温以偏高为主，仅中国江淮至江南北部地区气温较常年偏低。

夏季风系统其他成员中，马斯克林高压偏弱，澳大利亚高压偏强，索马里越赤道气流强度偏弱，孟加拉湾越赤道气流明显偏强，南海越赤道气流强度与常年持平，菲律宾越赤道气流强度偏强。南亚高压强度略偏强，中心位置偏北、偏西。东亚副热带西风急流强度明显偏弱，位置略偏北。此外，夏季 30～60 天季节内振荡经向传播变化特征明显。

2.1 夏季气温

2.1.1 东亚气温

2015 年夏季，东亚地区气温以偏高为主，除中国江淮至江南北部地区气温较常年偏低 0.5～1℃外，其余地区气温偏高或接近常年，局部地区偏高超过 2℃（图 2.1）。从季内变化看（图 2.2～图 2.4），6 月蒙古国东南部至中国内蒙古自治区大部气温偏低，盛夏中国江淮至江南北部地区气温持续偏低。

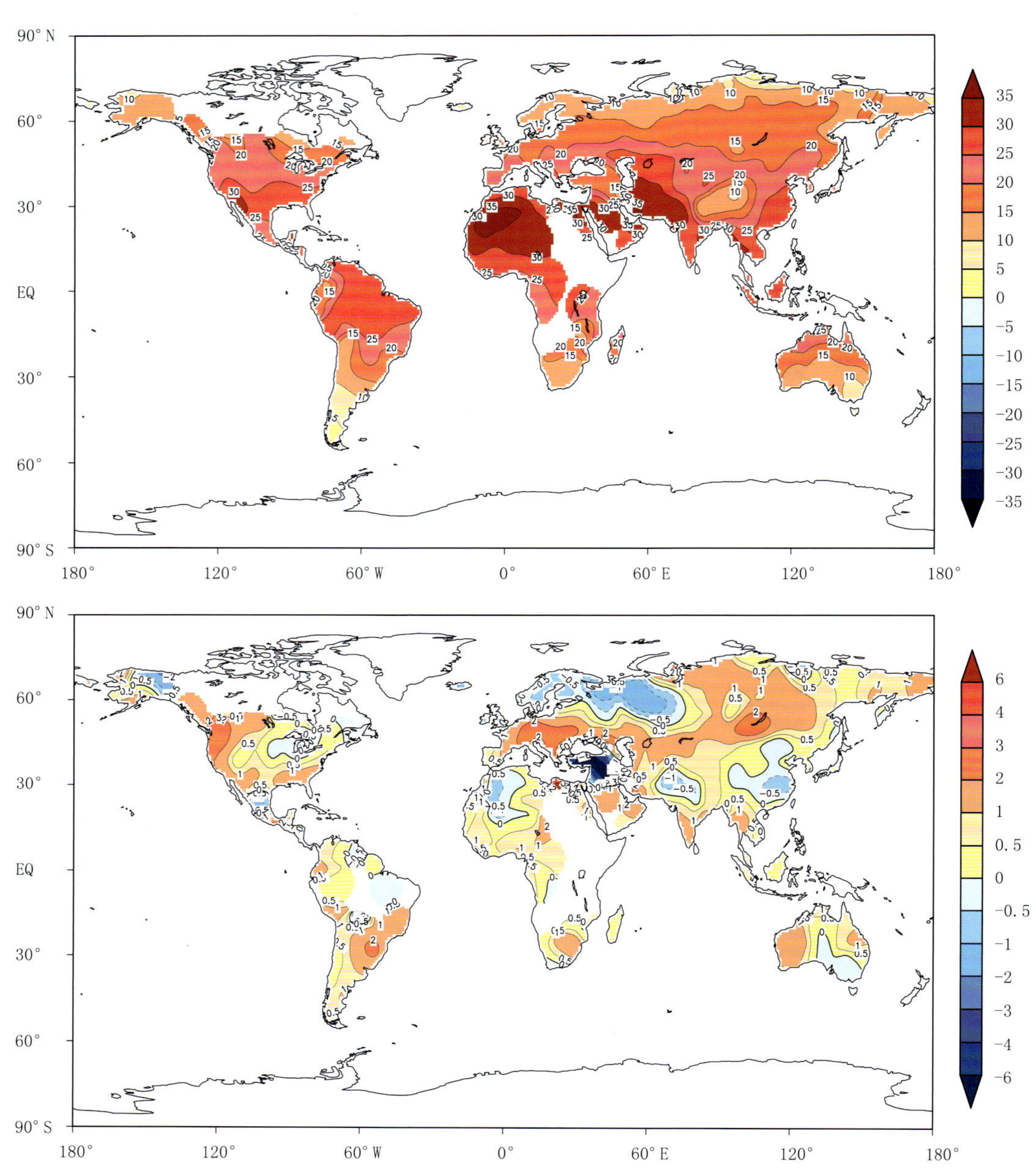

图 2.1　2015 年夏季全球气温(上)及距平(下)分布图(单位:℃)

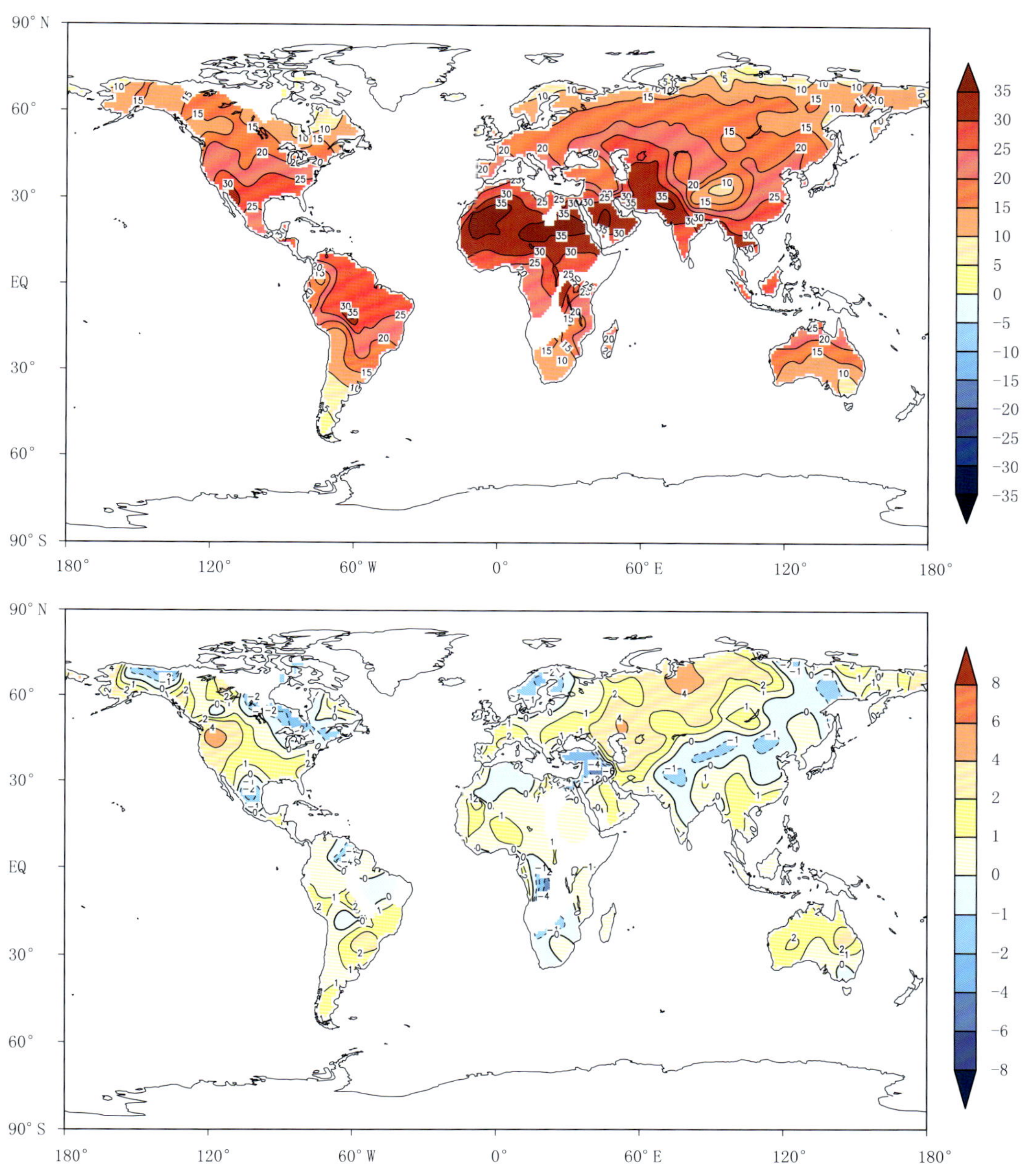

图 2.2 2015 年 6 月全球气温(上) 及距平(下)分布图(单位:℃)

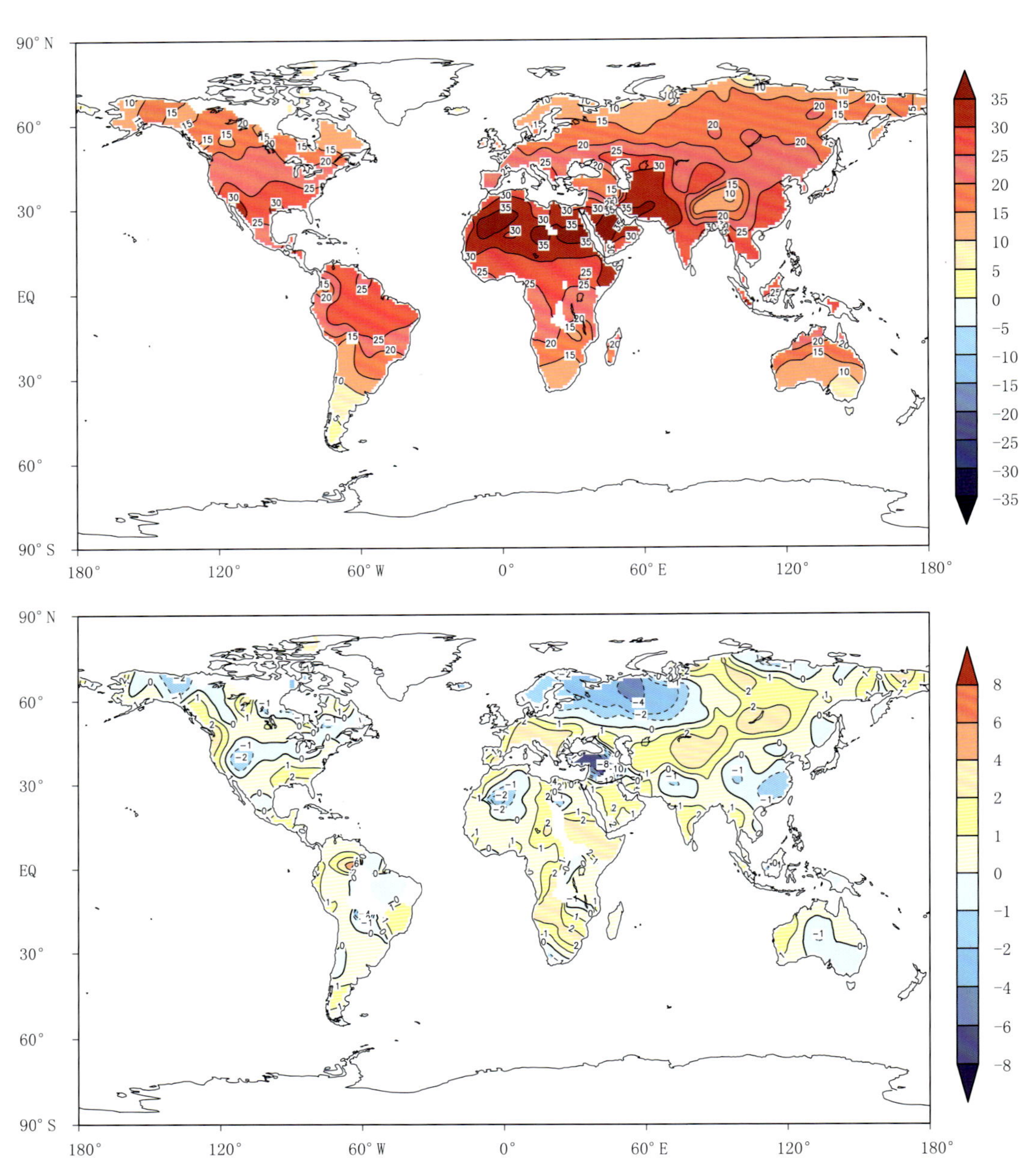

图 2.3　2015 年 7 月全球气温(上)及距平(下)分布图(单位:℃)

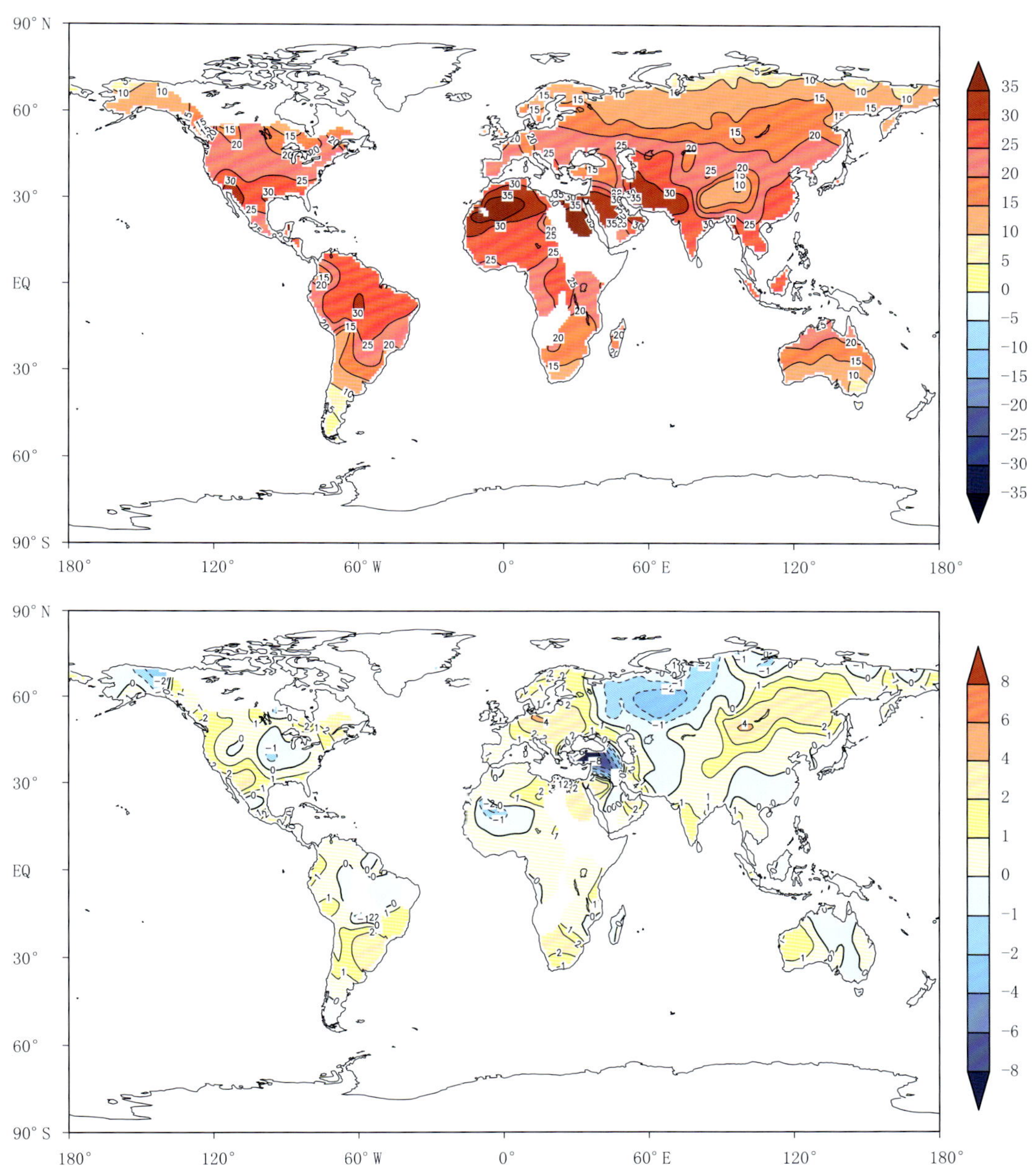

图 2.4 2015 年 8 月全球气温(上)及距平(下)分布图(单位:℃)

2.1.2 中国气温

2015 年夏季，全国平均气温为 21.2℃，较常年同期(20.9℃)偏高 0.3℃，较 2014 年偏高 0.1℃(图 2.5)。从空间分布来看，北方偏高、南方偏低，其中新疆北部和西南部局部、内蒙古东部局部和黑龙江北部局部等地气温偏高 1～2℃；而河北北部、江淮、江南北部大部地区气温偏低 0.5～1℃(图 2.6)。

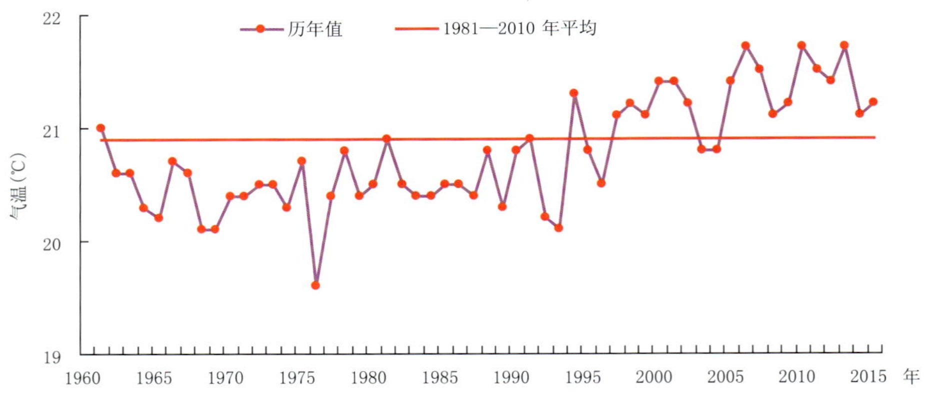

图 2.5　1961—2015 年夏季全国平均气温历年变化图

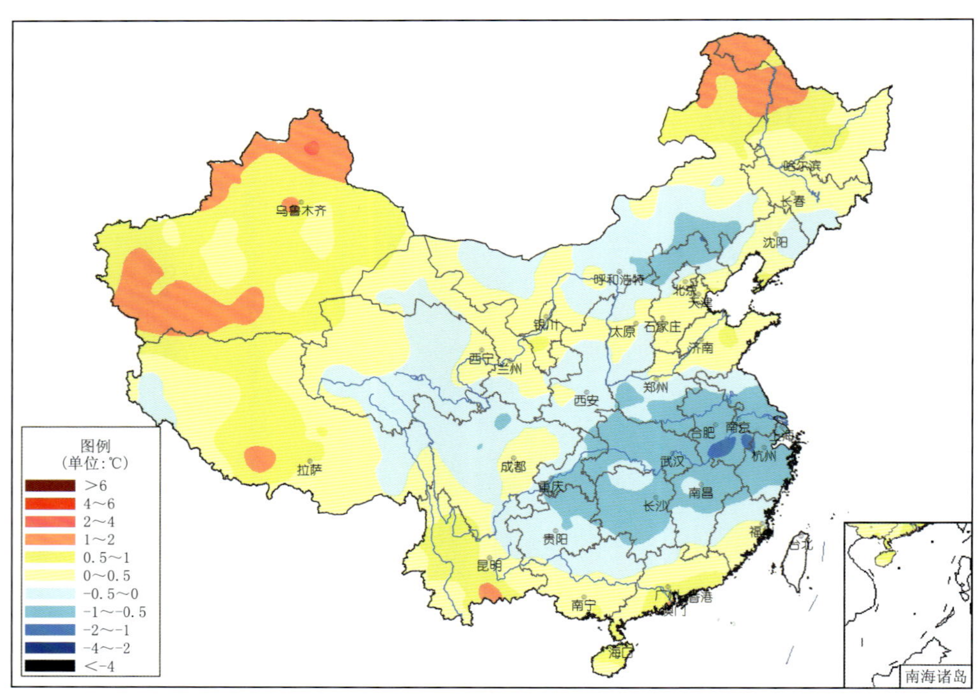

图 2.6　2015 年夏季全国平均气温距平分布图

2.2　夏季降水

2.2.1　东亚降水

2015 年夏季(图 2.7),东亚地区降水以偏少为主,但时空分布不均。其中,中国江淮至江南北部及新疆和西藏西部的部分地区、蒙古国西南部、日本南部降水偏多,局部地区偏多3 成以上;其余大部地区降水偏少或接近常年。从季内变化来看(图 2.8～图 2.10),6 月东亚西北部及中国黄淮地区降水明显偏多,7—8 月东亚降水呈"南多北少"型分布。

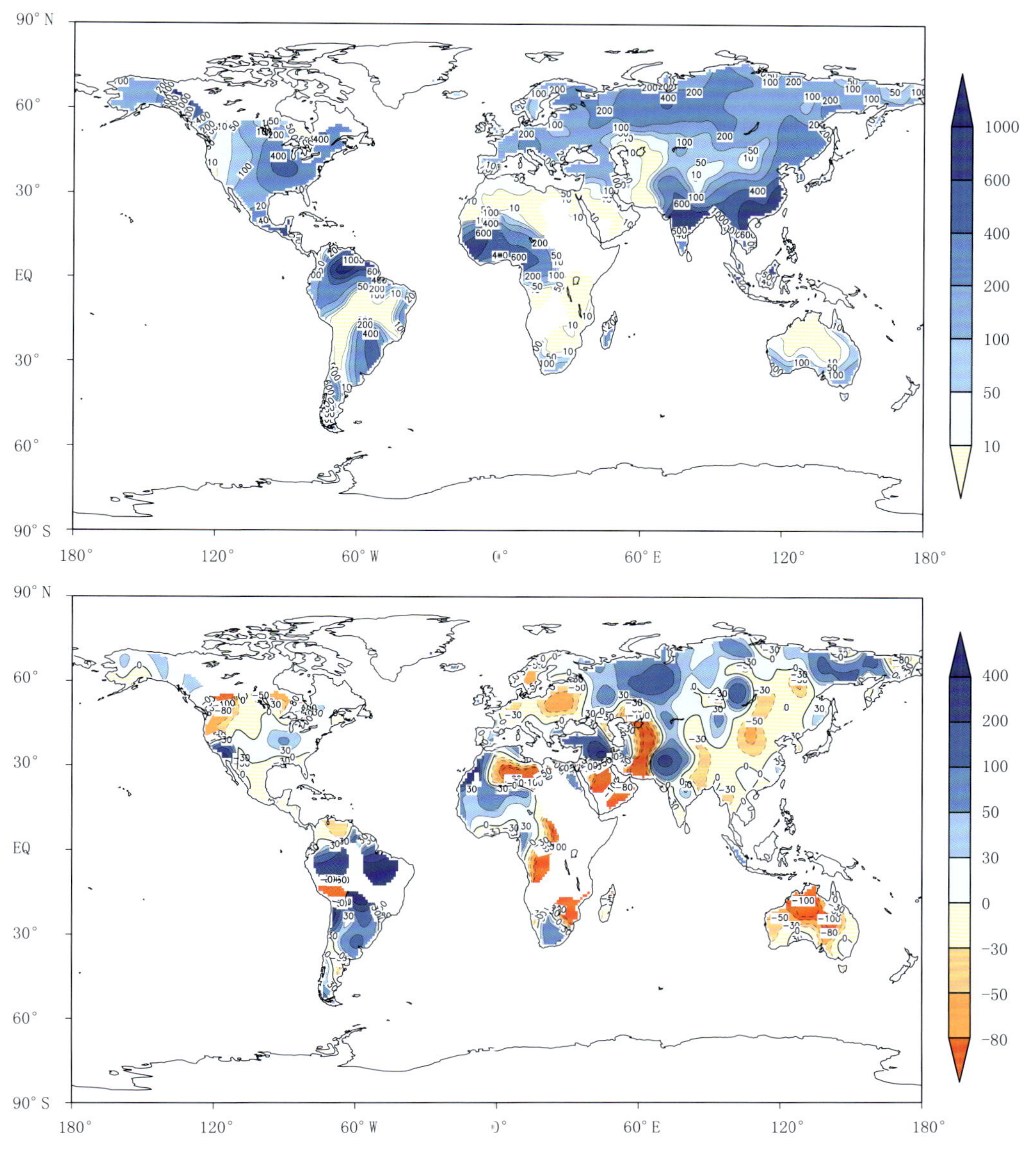

图 2.7　2015 年夏季全球降水量(上，单位:mm)及距平百分率(下，单位:%)分布图

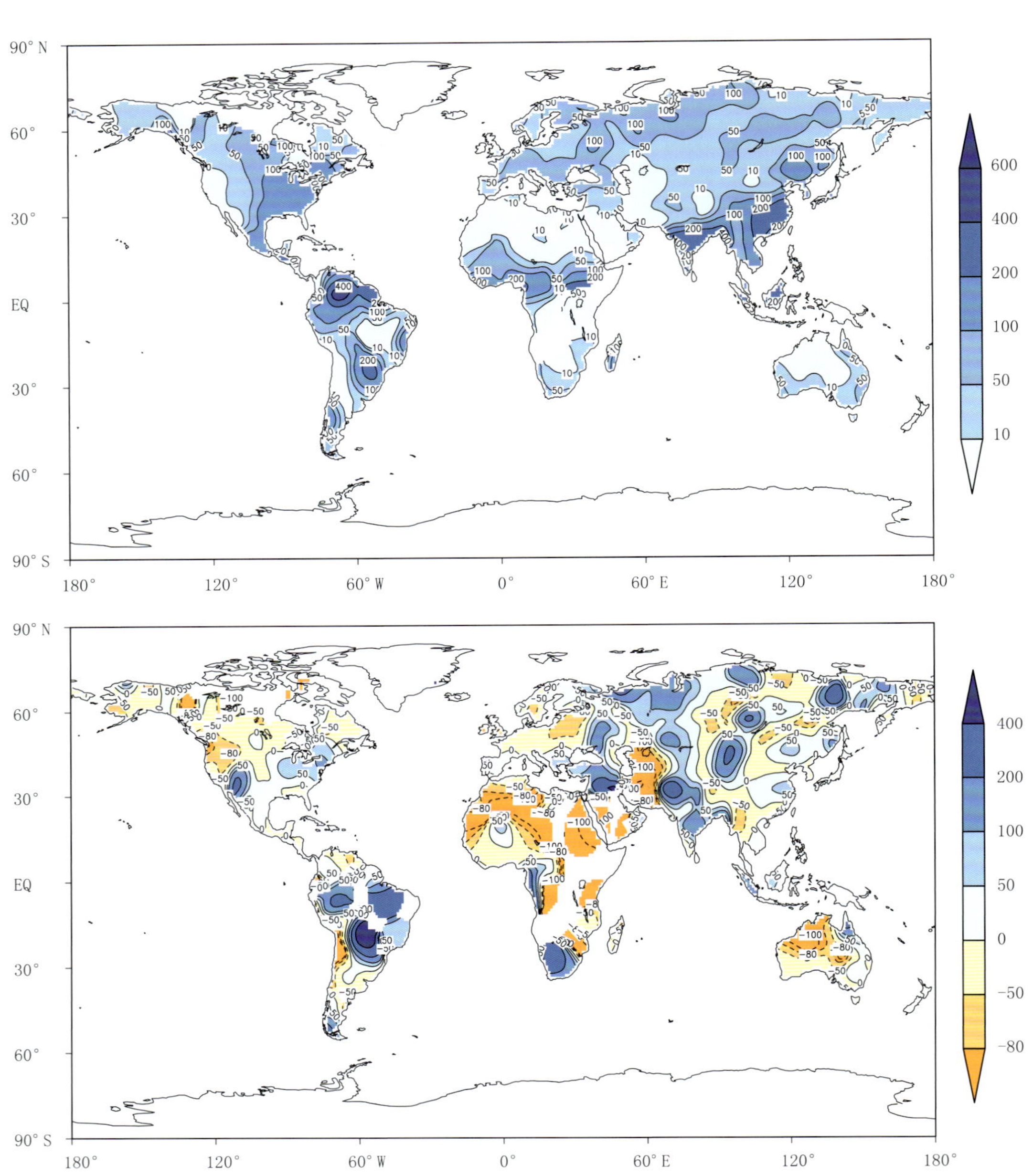

图 2.8 2015 年 6 月全球降水量(上，单位:mm)及距平百分率(下，单位:%)分布图

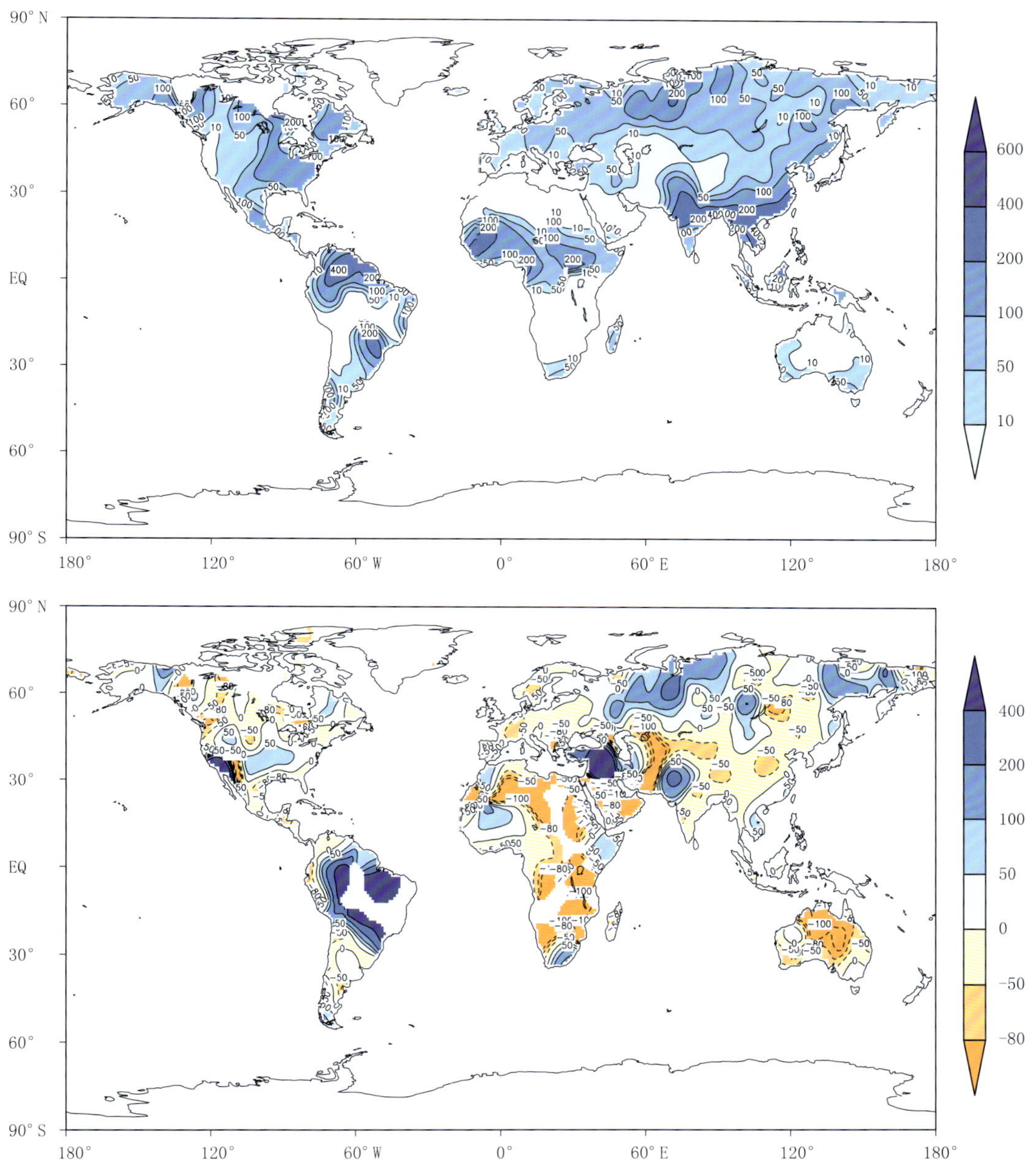

图 2.9 2015 年 7 月全球降水量(上，单位:mm)及距平百分率(下，单位:%)分布图

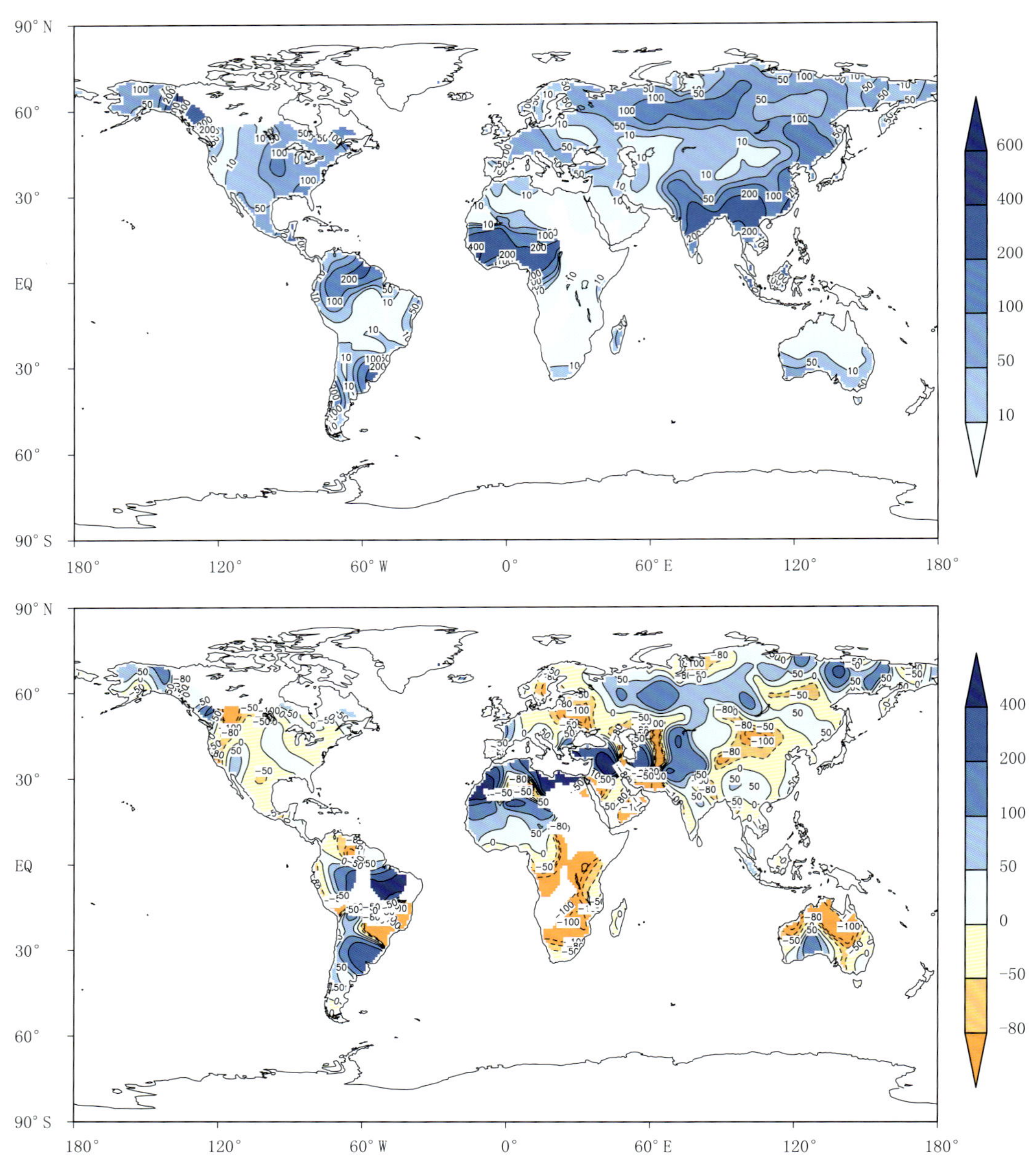

图 2.10　2015 年 8 月全球降水量(上，单位:mm)及距平百分率(下，单位:%)分布图

2.2.2　中国降水

2015 年夏季，全国平均降水量为 297.6 mm，较常年同期(325.2 mm)偏少 8.5%(图 2.11)。从空间分布来看，中国中东大部地区降水总体呈“南多北少”分布型。华北大部、西北地区东部、黄淮大部、东北地区西南部、内蒙古中西大部、西藏中部、青海南部、广东西部和海南等地降水偏少 20%～50%，局部偏少 50%以上；江淮、江南东北部、贵州东南部、新疆东部和西部部分地区、西藏西部局部等地降水偏多 20%～50%，局部偏多 50%以上(图 2.12)。

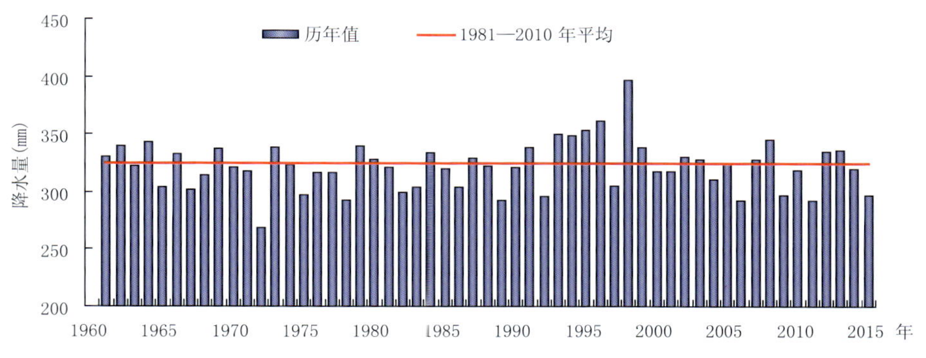

图 2.11 1961—2015 年夏季全国平均降水量历年变化图

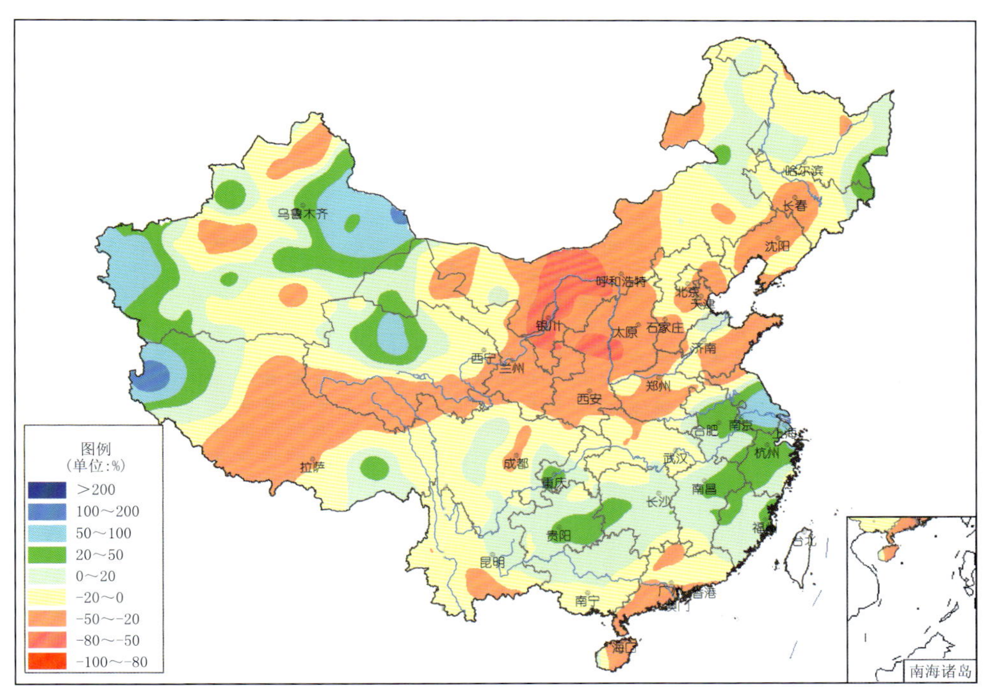

图 2.12 2015 年夏季全国降水距平百分率分布图

2.3 极端事件

2.3.1 极端高温

2015 年夏季,新疆、云南、四川、宁夏、河北、辽宁、江苏和广东等 23 个省(区、市)有 227 个气象观测站发生极端高温事件,其中新疆蔡家湖(44.4℃)和米泉(44.0℃)、宁夏永宁

(39.5℃)等 56 站达到或超过历史极值(图 2.13)。季内,全国共出现极端高温事件 381 站次,较常年同期(252 站次)偏多 129 站次(图 2.14)。

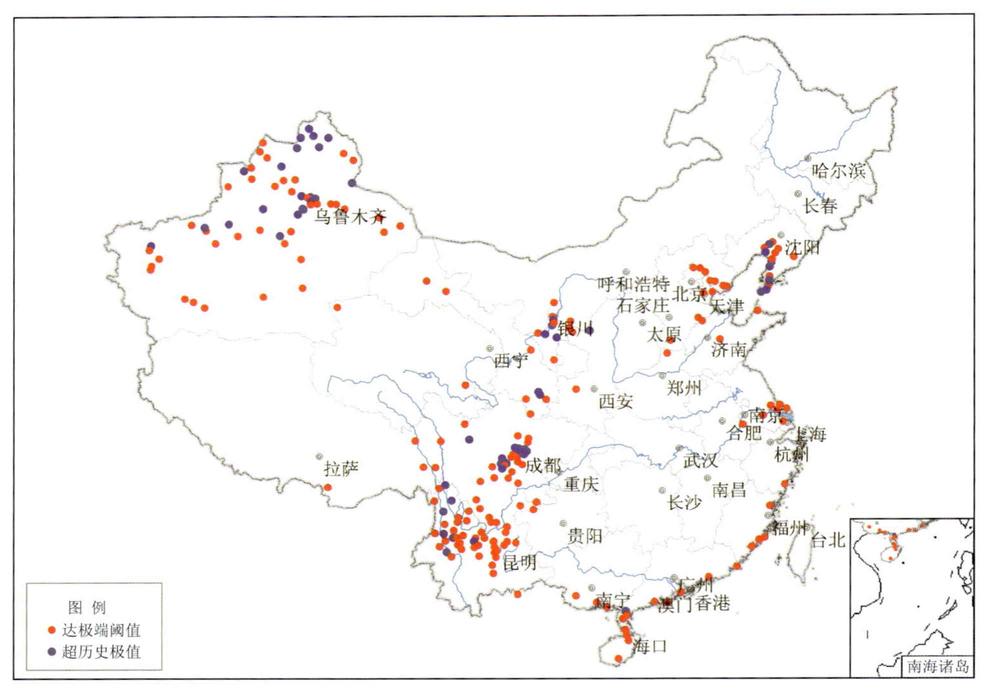

图 2.13　2015 年夏季全国极端高温事件站点分布图

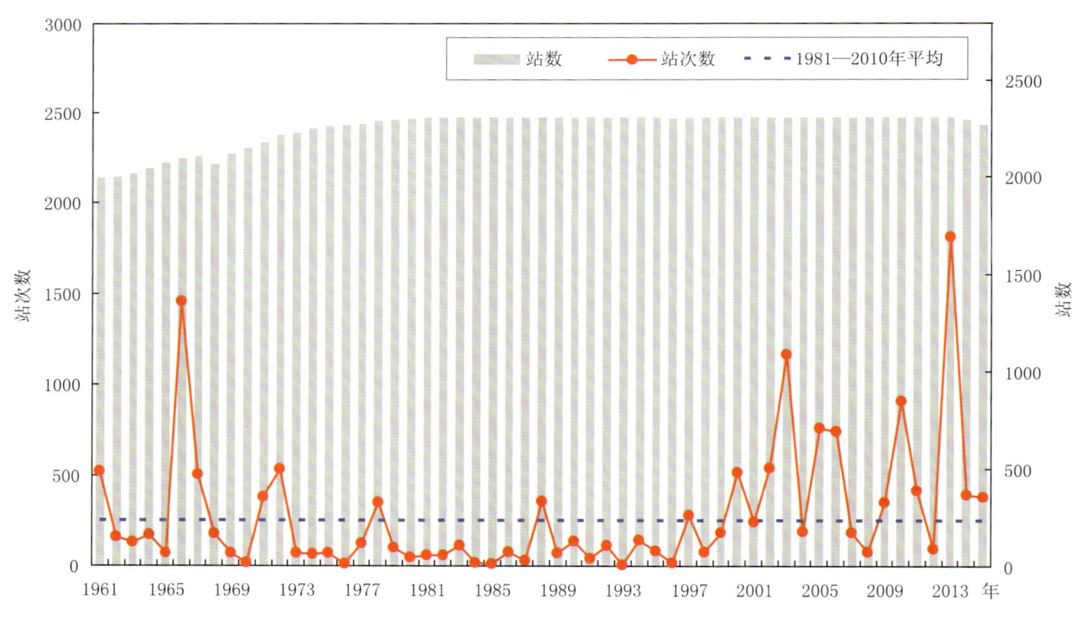

图 2.14　1961—2015 年夏季全国极端高温事件站次数的历年变化图

2.3.2 极端降水

2015 年夏季，云南、贵州、广西、四川、湖南、山东、江西、陕西和内蒙古等 24 省(区、市)有 164 个气象观测站发生极端日降水量事件，其中福建福州(244.4 mm)、贵州长顺(247.8 mm 米)和江苏常州(243.6 mm)等 27 站日降水量达到或超过历史极值(图 2.15)。另外，全国共出现极端强降水事件 186 站次，较常年同期(195 站次)偏少 9 站次(图 2.16)。

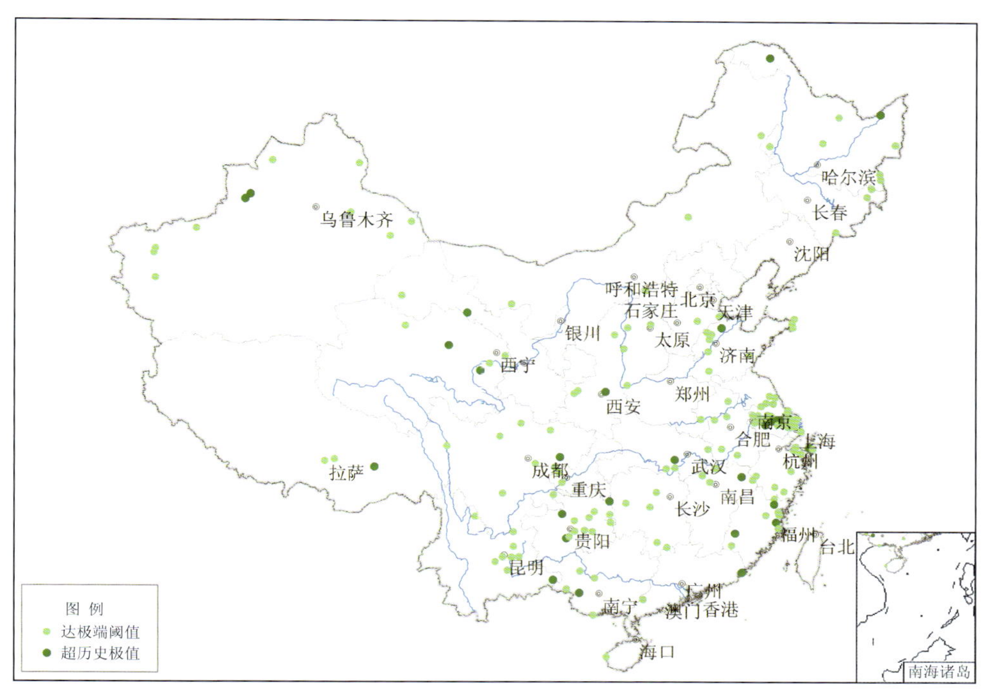

图 2.15 2015 年夏季全国极端日降水量事件站点分布图

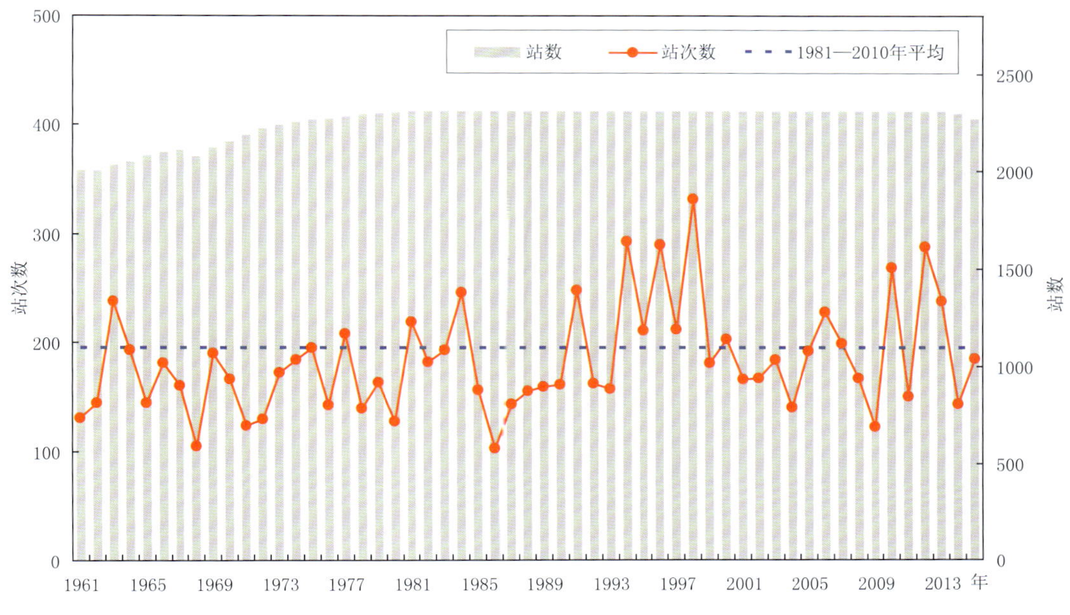

图 2.16 1961—2015 年夏季全国极端日降水事件站次数的历年变化图

2.4 东亚夏季风环流系统

2.4.1 高低空环流系统

(1)海平面气压场

2015 年夏季，在海平面气压距平场上，欧亚大陆中低纬度地区为正距平分布，而欧亚大陆高纬度地区以及西北太平洋大部为负距平分布(图 2.17)。6 月，欧亚大陆大部为正距平分布，西北太平洋为弱的负距平分布，海陆气压差偏小(图 2.18)。7 月，欧亚大陆上的正距平南撤而高纬地区出现负距平，西北太平洋上的负距平有所加强(图 2.19)。8 月，欧亚大陆正距平较前期有所加强，而西北太平洋大部为负距平，海陆气压差偏小(图 2.20)。

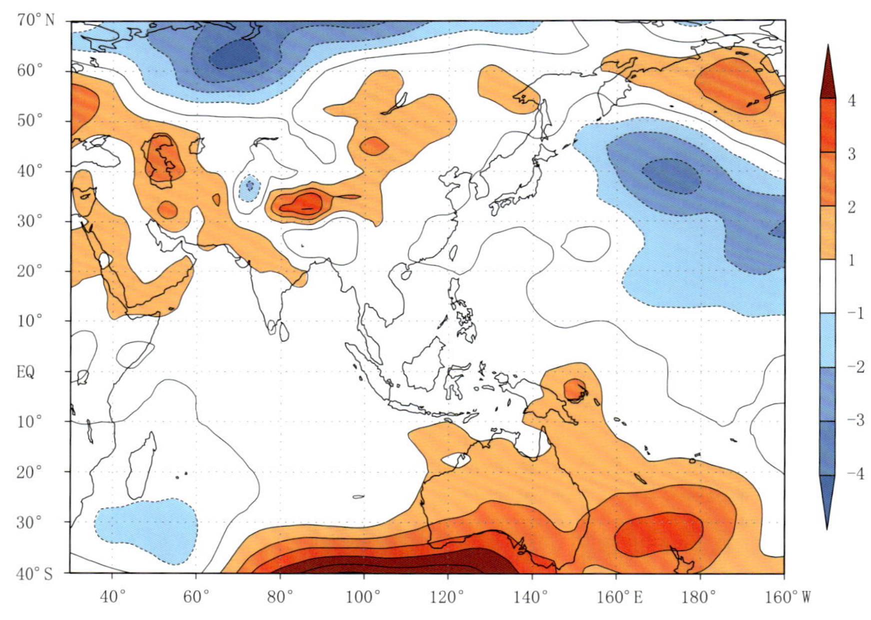

图 2.17 2015 年夏季海平面气压距平分布图(单位:hPa)

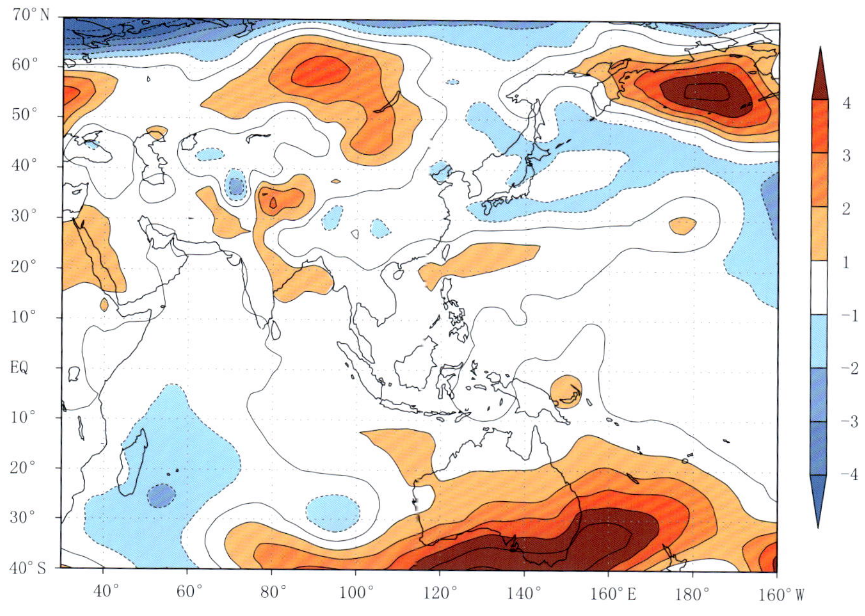

图 2.18 2015 年 6 月海平面气压距平分布图(单位:hPa)

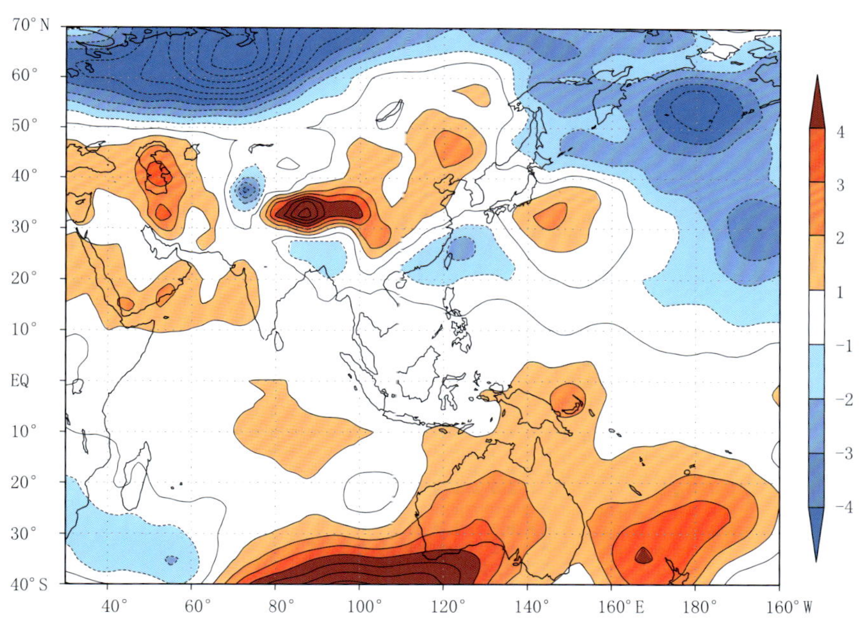

图 2.19 2015 年 7 月海平面气压距平分布图(单位:hPa)

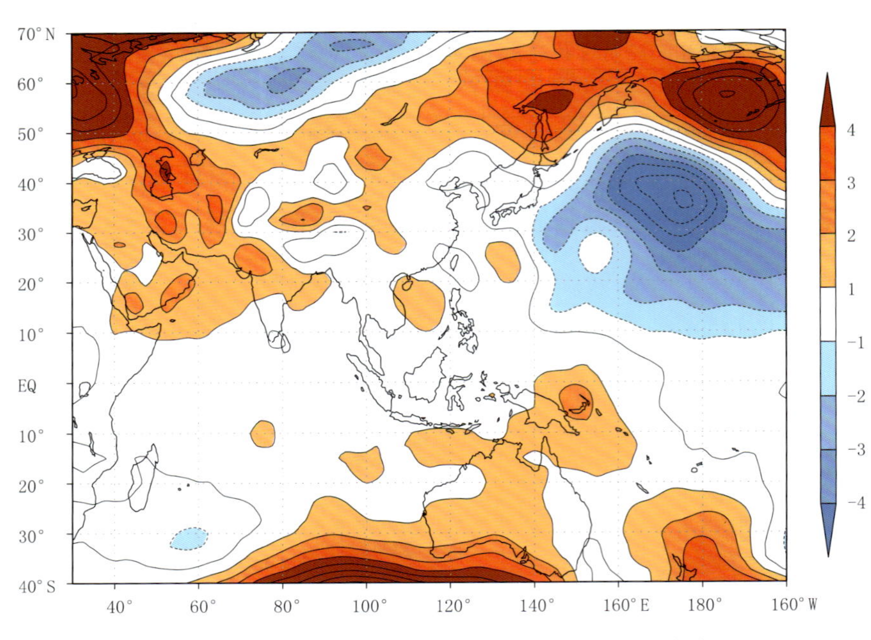

图 2.20　2015 年 8 月海平面气压距平分布图(单位:hPa)

(2)850 hPa 风场

2015 年夏季,东亚地区大部为弱的偏北风控制(图 2.21),表明东亚夏季风略偏弱,有利于长江及其以南地区多雨。6 月,西北太平洋—中国南海地区为异常反气旋性环流控制,东亚中纬度部分地区为偏北风异常,反映东亚季风偏弱(图 2.22)。7 月,西北太平洋—中国南海地区转为异常气旋性环流控制(图 2.23)。8 月,中国南海地区为异常反气旋性环流控制,东亚季风偏弱,中国长江以南地区为气流辐合区(图 2.24)。

(3)水汽输送场

2015 年夏季,西北太平洋地区为反气旋性水汽输送,中国东部为偏弱的水汽输送,使得中国北方大部地区都为水汽的辐散区,而长江及其以南大部地区为水汽辐合区(图 2.25)。6 月,对流层低层在中国南海至西北太平洋地区维持反气旋性水汽输送环流,来自西北太平洋及印度洋的水汽输送偏弱,长江、江淮流域为水汽辐合区(图 2.26)。7 月,中国南海至西北太平洋地区转为气旋性水汽输送环流控制,长江、江淮流域为水汽辐散区,而华南地区为水汽辐合区(图 2.27)。8 月,中国东南沿海转为反气旋性水汽输送环流,受其影响华南地区水汽输送偏强,水汽辐合显著,而北方由于水汽条件偏差,造成华南以北的大部分地区降水偏少(图 2.28)。

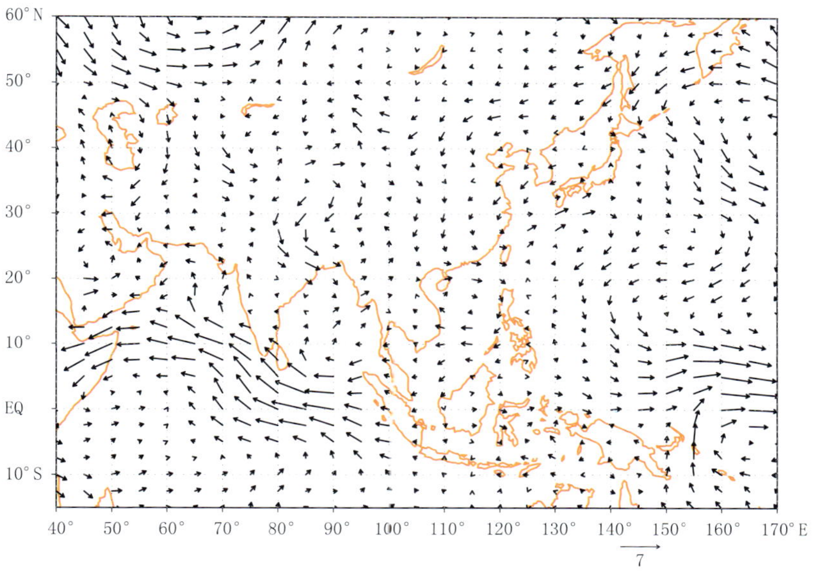

图 2.21 2015 年夏季 850 hPa 风场距平分布图(单位:m/s)

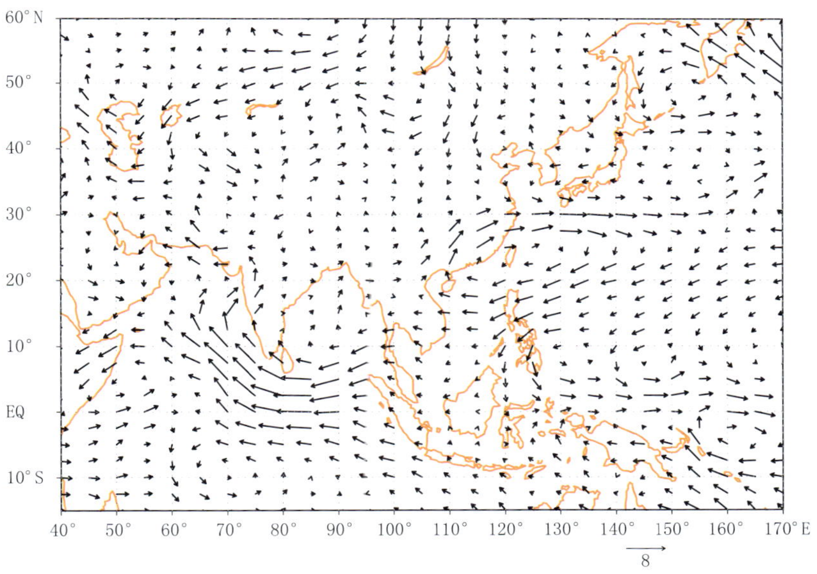

图 2.22 2015 年 6 月 850 hPa 风场距平分布图(单位:m/s)

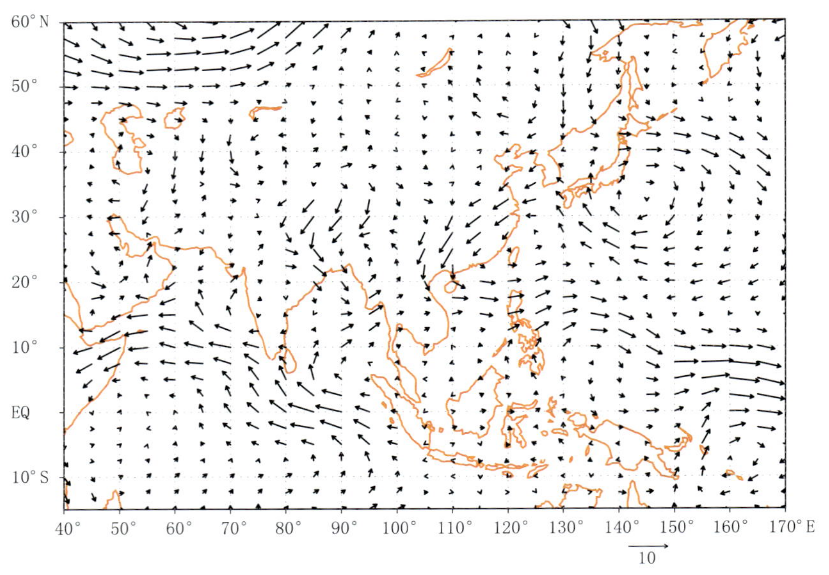

图 2.23　2015 年 7 月 850 hPa 风场距平分布图(单位:m/s)

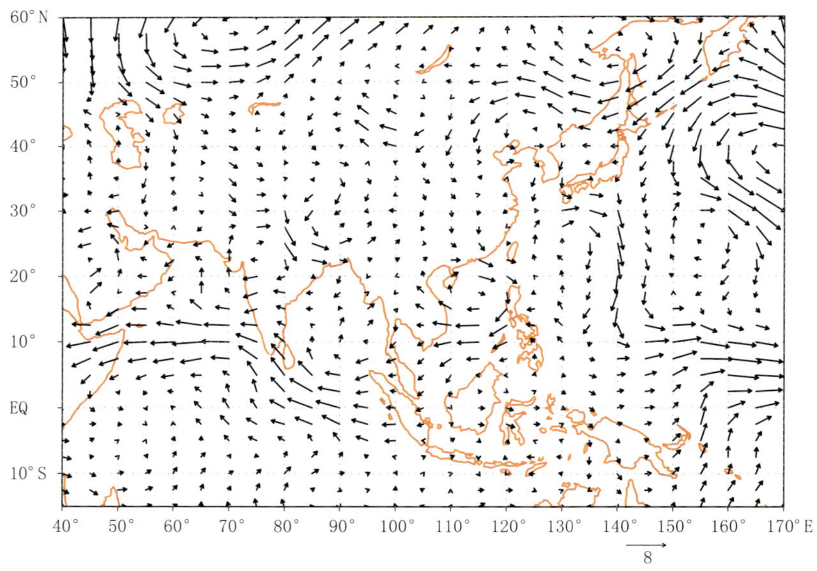

图 2.24　2015 年 8 月 850 hPa 风场距平分布图(单位:m/s)

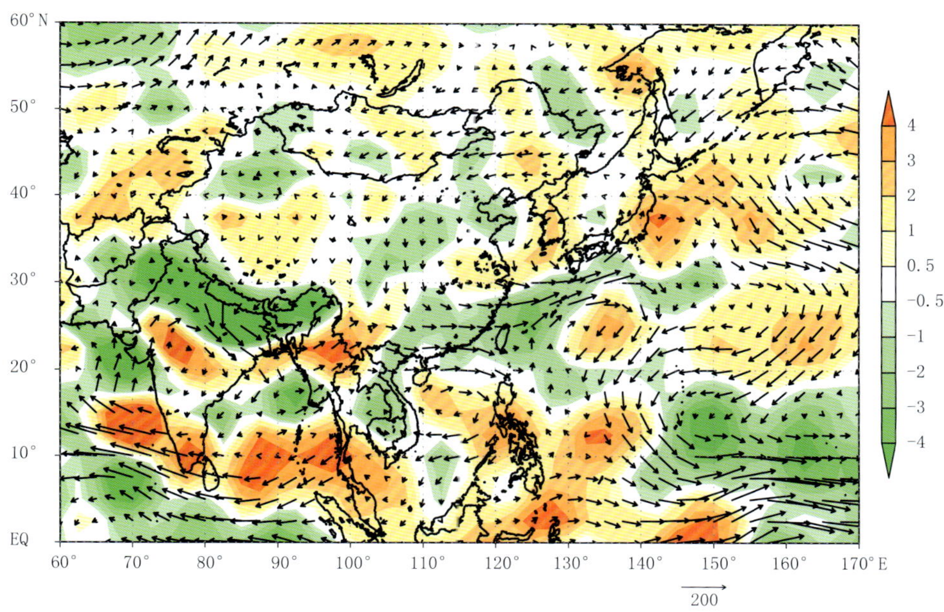

图 2.25　2015 年夏季整层积分水汽输送(矢量;单位:kg/(s·m))和辐合辐散距平(彩色阴影;单位:10^{-5} kg/(s·m^2))分布图

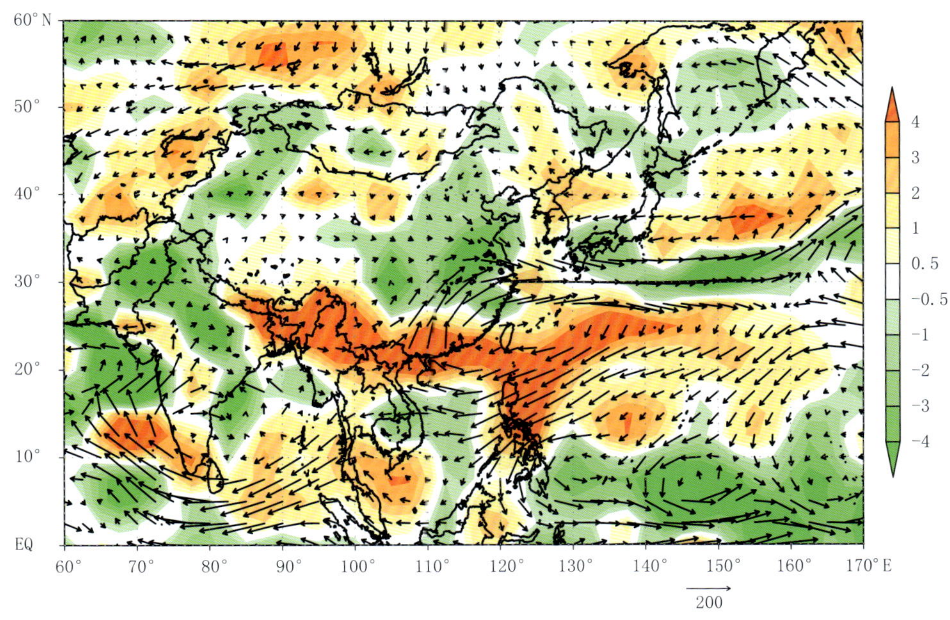

图 2.26　2015 年 6 月整层积分水汽输送(矢量;单位:kg/(s·m))和辐合辐散距平(彩色阴影;单位 10^{-5} kg (s·m^2))分布图

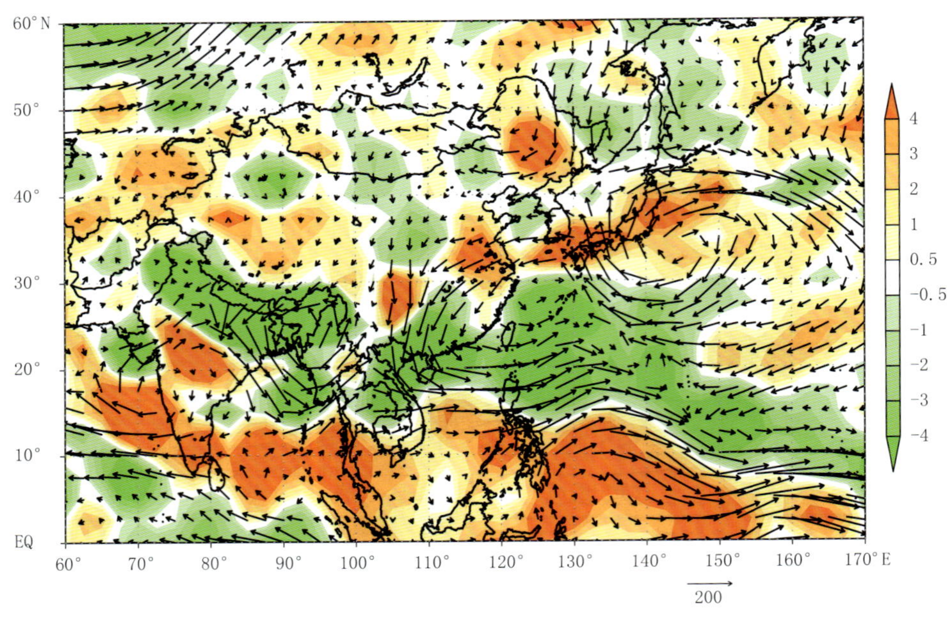

图 2.27　2015 年 7 月整层积分水汽输送(矢量;单位:kg/(s·m))和辐合辐散距平(彩色阴影;单位:10^{-5} kg/(s· m^2))分布图

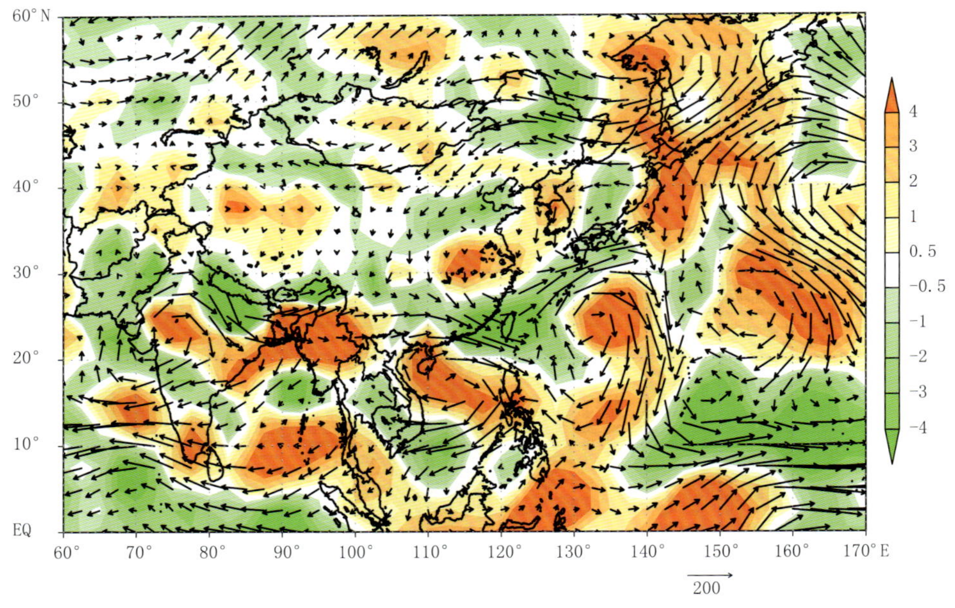

图 2.28　2015 年 8 月整层积分水汽输送(矢量;单位:kg/(s·m))和辐合辐散距平(彩色阴影;单位:10^{-5} kg/(s· m^2))分布图

(4)500 hPa 高度场

2015 年夏季,500 hPa 位势高度及距平场上,中国中东大部地区主要受高空槽控制,有利于冷空气活动影响。受赤道中东太平洋厄尔尼诺事件的影响,西太平洋副热带高压(西太副高)总体呈现偏强、偏西的特征(图 2.29)。6 月,亚洲大陆高度场异常为西高东低结构。欧亚大陆中高纬为两脊一槽型(双阻型),乌拉尔山高压脊和鄂霍次克海低压槽均偏强。西太副高强度偏强、偏西(图 2.30),有利于长江梅雨偏多。7 月,欧亚大陆中高纬由 6 月的两脊一槽型转为两槽一脊型。西太副高较 6 月明显东撤,西伸脊点位于 130°E 附近(图 2.31)。8 月,欧亚大陆中高纬维持两槽一脊环流型。西太副高明显偏强、偏南、偏西(图 2.32)。

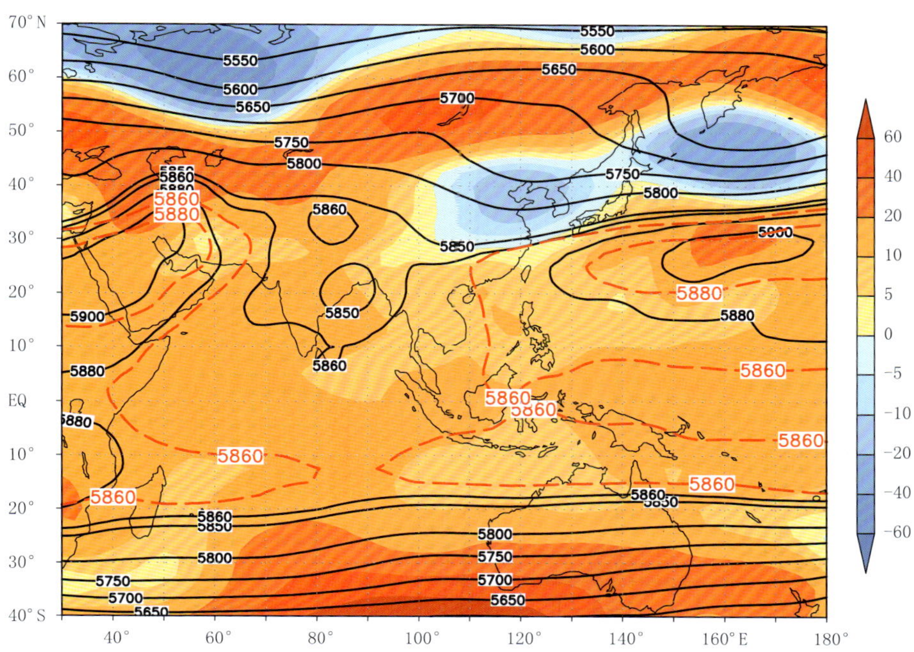

图 2.29　2015 年夏季 500 hPa 位势高度平均值(等值线)及距平(彩色阴影)分布图(单位:gpm)
(红色虚线表示气候平均的 5860 gpm 和 5880 gpm 等值线,近似代表西太副高气候平均的位置)

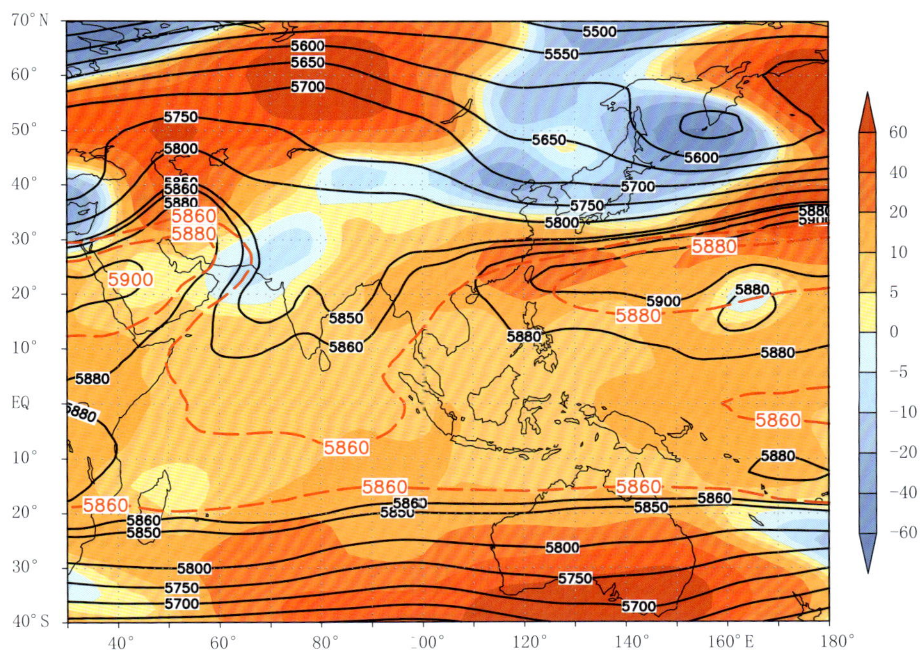

图 2.30　2015 年 6 月 500 hPa 位势高度平均值(等值线)及距平(彩色阴影)分布图(单位:gpm)
(红色虚线表示气候平均的 5860 gpm 和 5880 gpm 等值线,近似代表西太副高气候平均的位置)

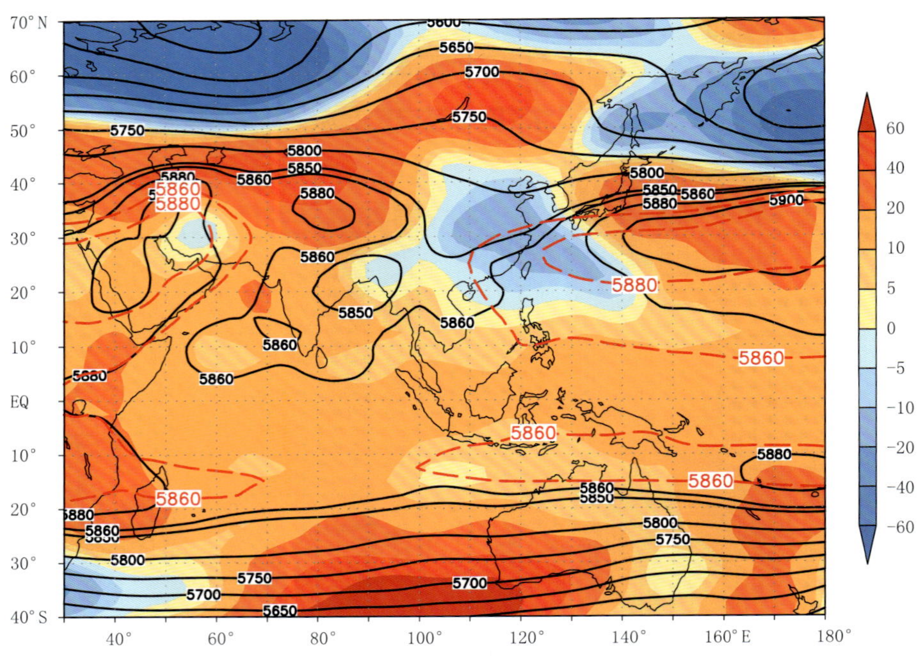

图 2.31　2015 年 7 月 500 hPa 位势高度平均值(等值线)及距平(彩色阴影)分布图(单位:gpm)
(红色虚线表示气候平均的 5860 gpm 和 5880 gpm 等值线,近似代表西太副高气候平均的位置)

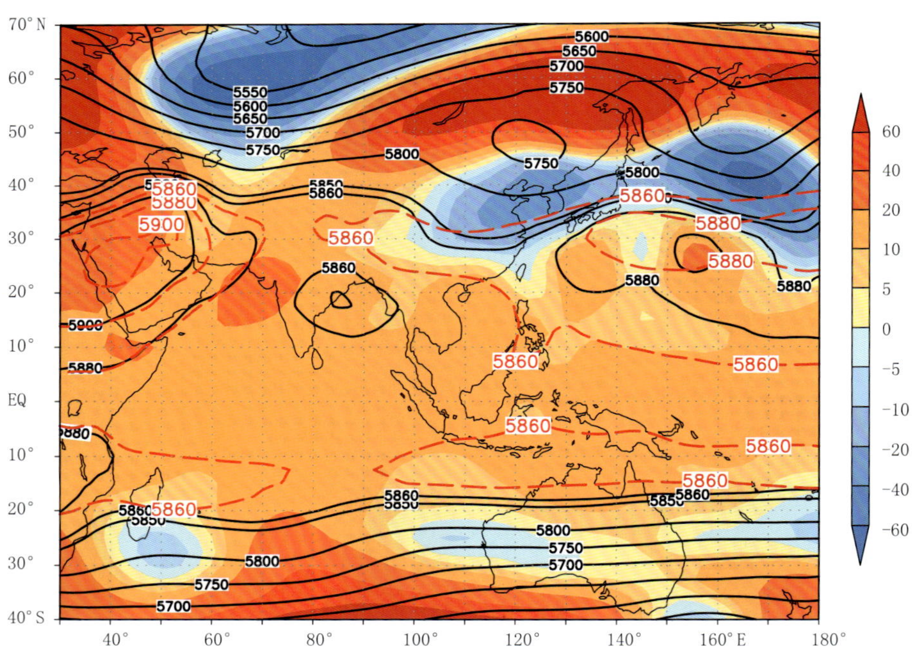

图 2.32　2015 年 8 月 500 hPa 位势高度平均值(等值线)及距平(彩色阴影)分布图(单位:gpm)
(红色虚线表示气候平均的 5860 gpm 和 5880 gpm 等值线,近似代表西太副高气候平均的位置)

2.4.2　东亚夏季风系统成员

(1) 澳大利亚高压

2015 年夏季,澳大利亚高压指数为 1022.7,较常年(1020.6)偏强 2.1(图 2.33)。

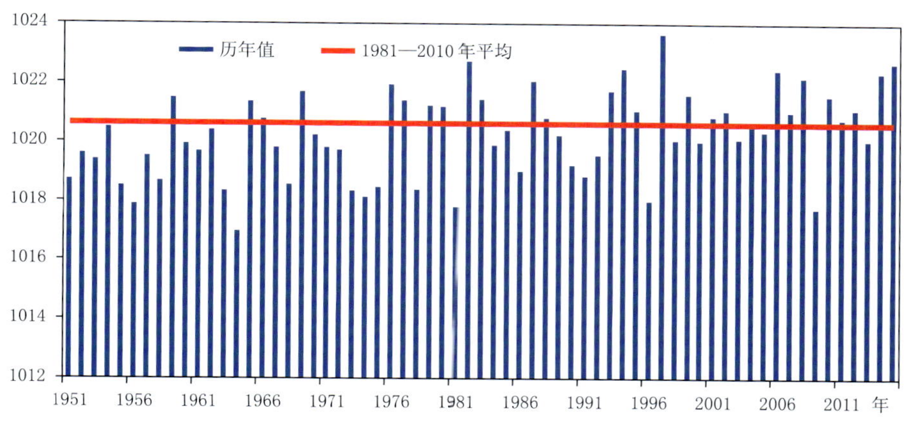

图 2.33 1951—2015 年夏季澳大利亚高压强度历年变化图

(2)马斯克林高压

2015 年夏季,马斯克林高压指数为 1023.4,较常年(1023.6)偏弱 0.2(图 2.34)。

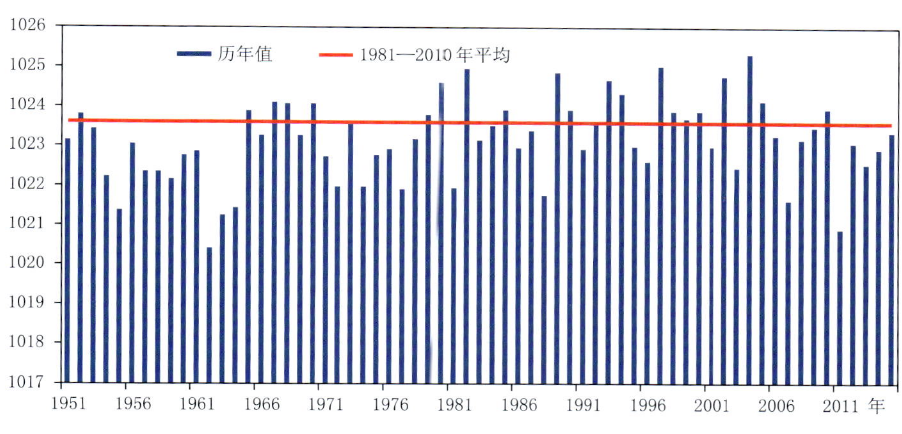

图 2.34 1951—2015 年夏季马斯克林高压强度历年变化图

(3)西太平洋副热带高压

2015 年夏季,西太平洋副热带高压(简称西太副高)面积指数为 3.42,较常年(1.84)偏大 1.58,强度指数为 74.9,较常年(32.1)偏强 42.8。脊线位于 25.6°N,较常年(25.4°N)偏北 0.2 个纬度,西伸脊点位于 125.8°E,较常年(132.9°E)偏西 7.1 个经度。总之,西太副高强度明显偏强、面积明显偏大、脊线位置接近常年、西伸脊点明显偏西(图 2.35~图 2.38)。

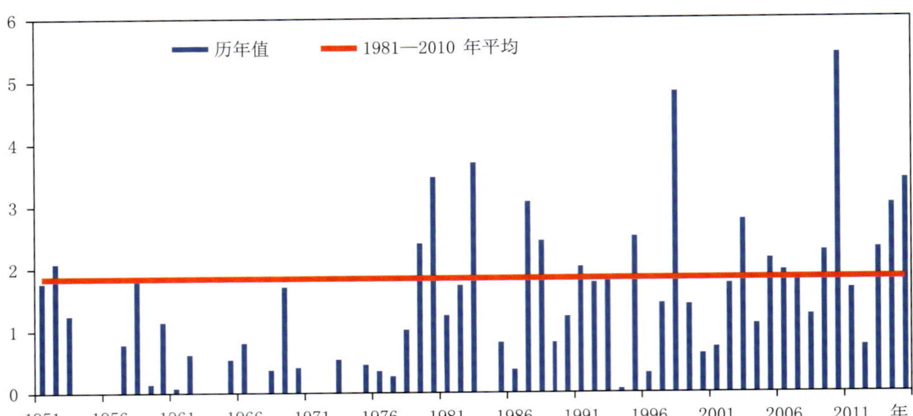

图 2.35　1951—2015 年夏季西太副高面积指数历年变化图

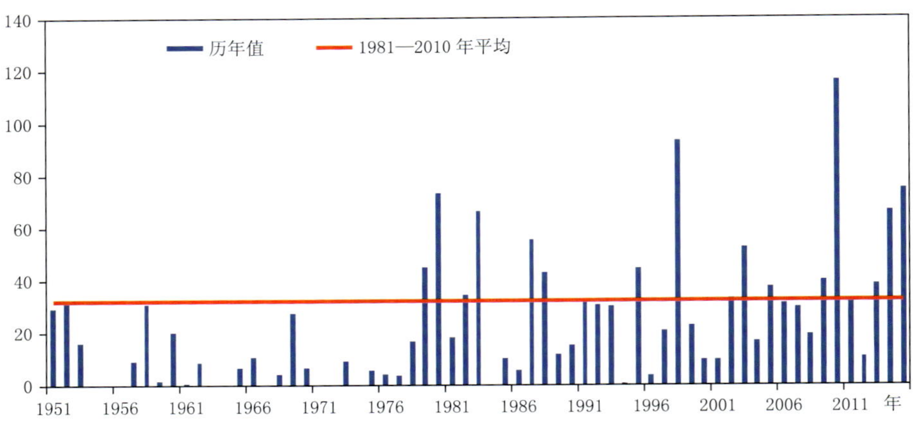

图 2.36　1951—2015 年夏季西太副高强度指数历年变化图

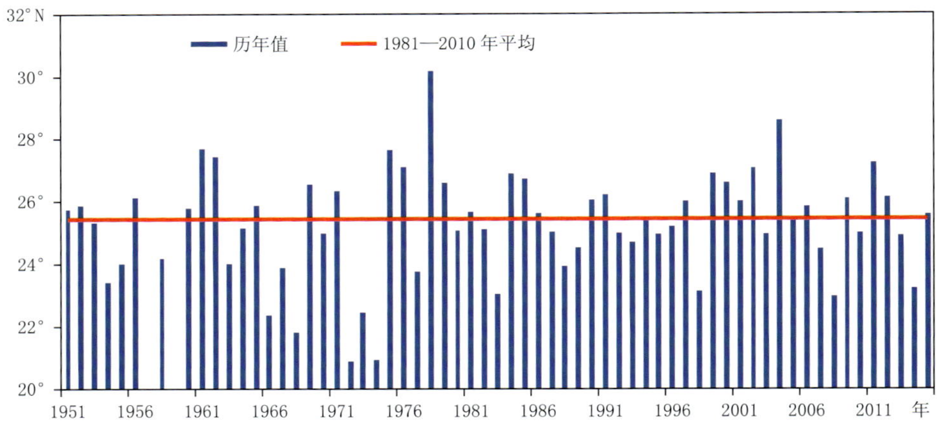

图 2.37　1951—2015 年夏季西太副高脊线位置指数历年变化图

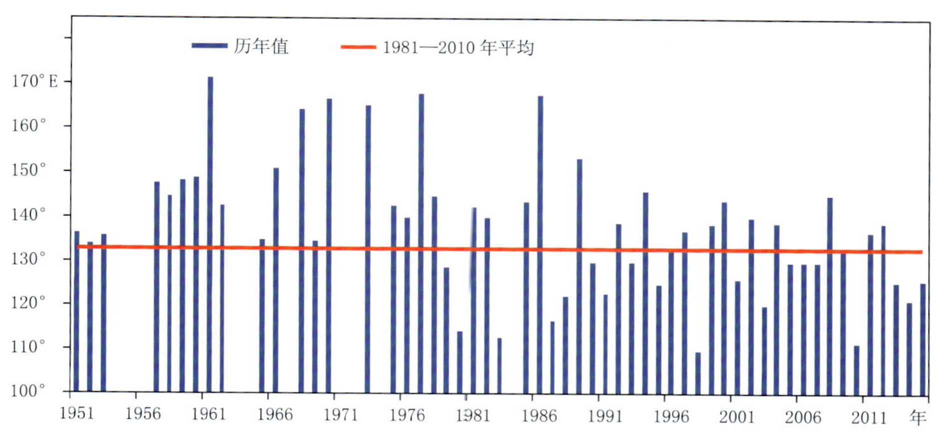

图 2.38 1951—2015 年夏季西太副高西伸脊点指数历年变化图

(4)热带辐合带(ITCZ)

热带辐合带是东亚夏季风系统的重要成员，南半球冷空气爆发导致气流越过赤道进入北半球，汇入西南季风，与北半球副热带高压南侧的偏东气流相遇，形成广阔的热带辐合带。气候意义下，盛夏该辐合带从中国南海的中北部向东延伸、穿过菲律宾，可到达东经140°～150°E 附近(图 2.39)。

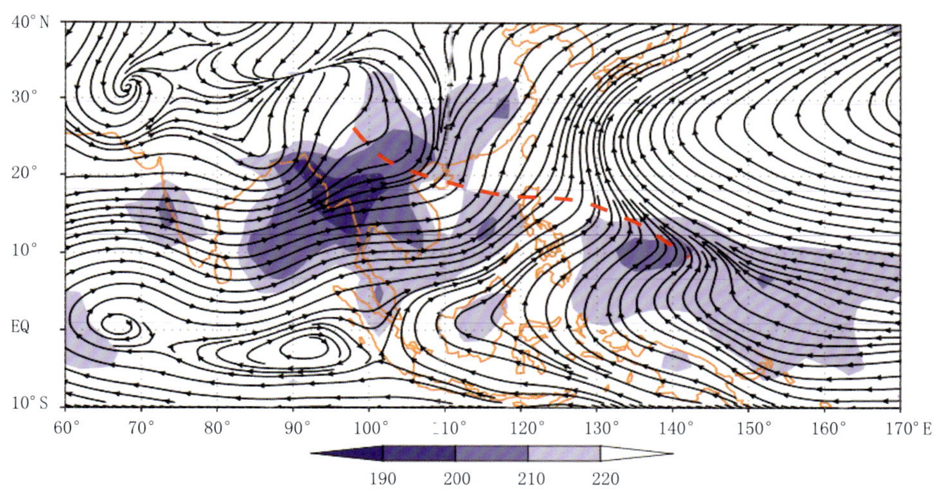

图 2.39 1981—2010 年夏季气候平均 850 hPa 平均风场(流线)及 OLR(彩色阴影，单位：W/m^2)分布图(粗虚线为辐合带所在位置)

2015 年夏季，热带辐合带在 110～160°E 范围，热带辐合带内对流活动较常年略偏弱(图 2.40)。从西北太平洋地区热带辐合带对流强度指数看，2015 年为 225.1，较常年(223.1)偏强 2.0，表明常年辐合带出现范围内对流活动较弱(图 2.41)。

(5)越赤道气流

1)索马里越赤道气流

2015 年夏季，索马里越赤道气流强度指数为 8.87，较常年(9.32)偏小 0.45(图 2.42)。

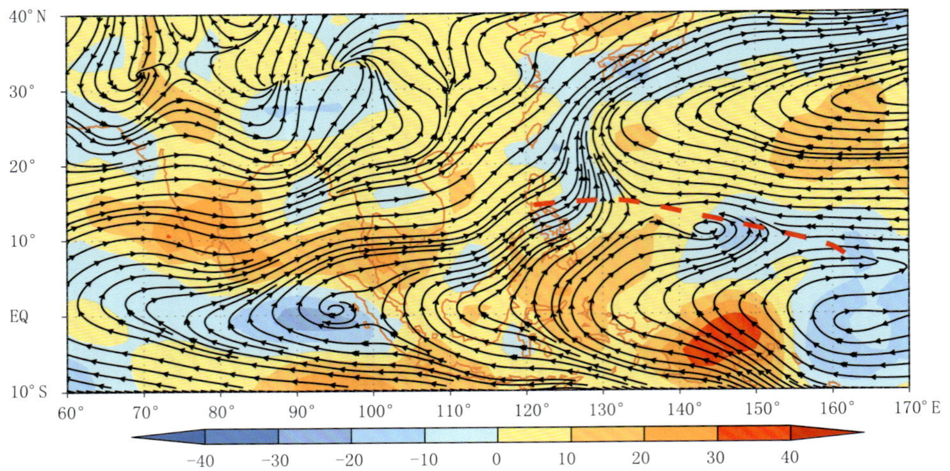

图 2.40　2015 年夏季 850 hPa 平均风场(流线)及 OLR 距平(彩色阴影,单位:W/m²)分布图(粗虚线表示辐合带所在位置)

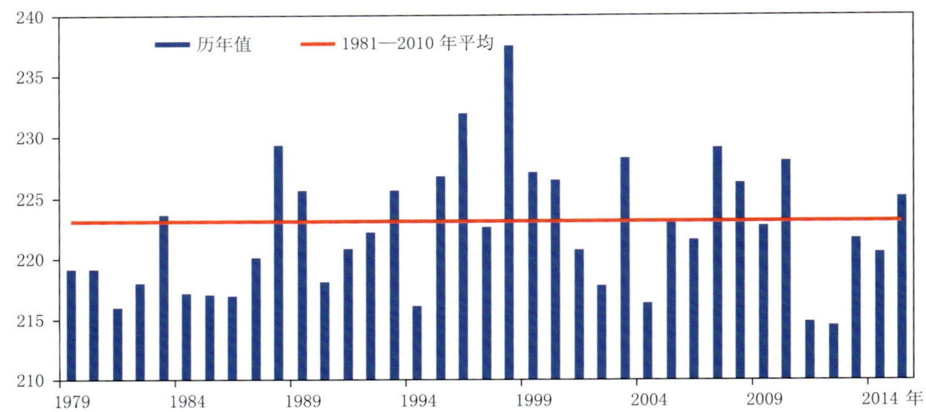

图 2.41　1979—2015 年夏季西北太平洋 ITCZ 强度指数历年变化图(指数小于气候值表示强度偏强)

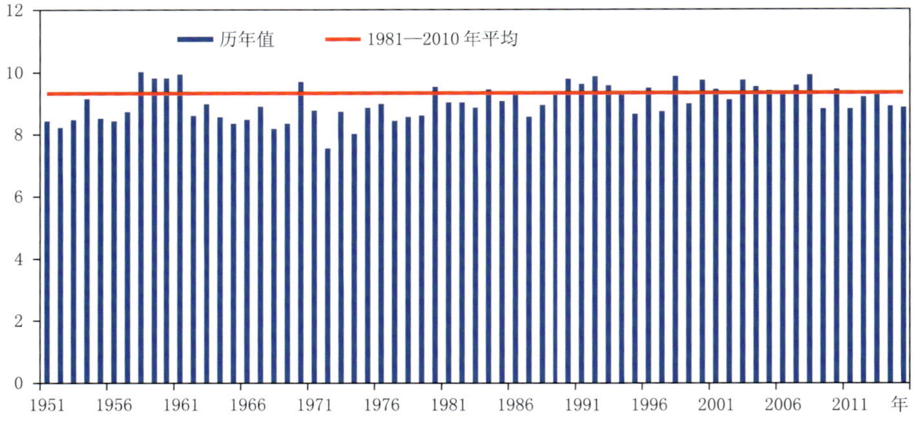

图 2.42　1951—2015 年夏季索马里越赤道气流强度历年变化图

2)孟加拉湾越赤道气流

2015 年夏季,孟加拉湾越赤道气流强度指数为 2.6,较常年(1.1)偏大 1.5(图 2.43)。

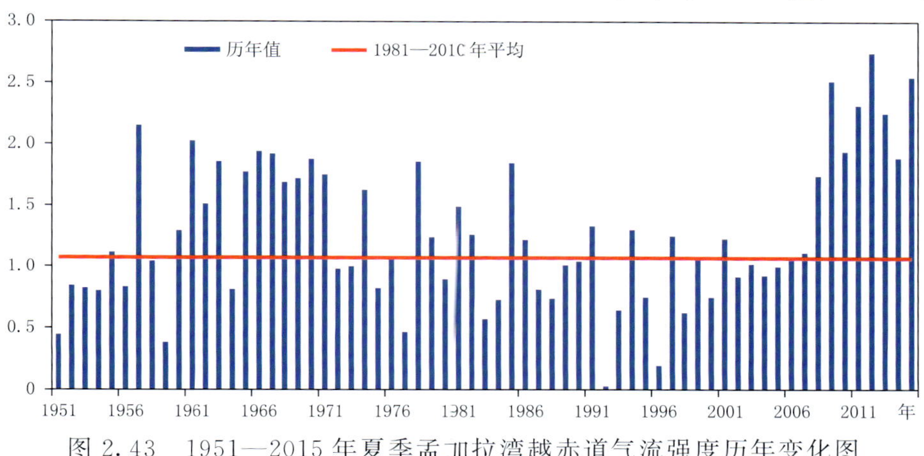

图 2.43 1951—2015 年夏季孟加拉湾越赤道气流强度历年变化图

3)南海越赤道气流

2015 年夏季,南海越赤道气流强度指数为 1.6,与常年(1.6)持平(图 2.44)。

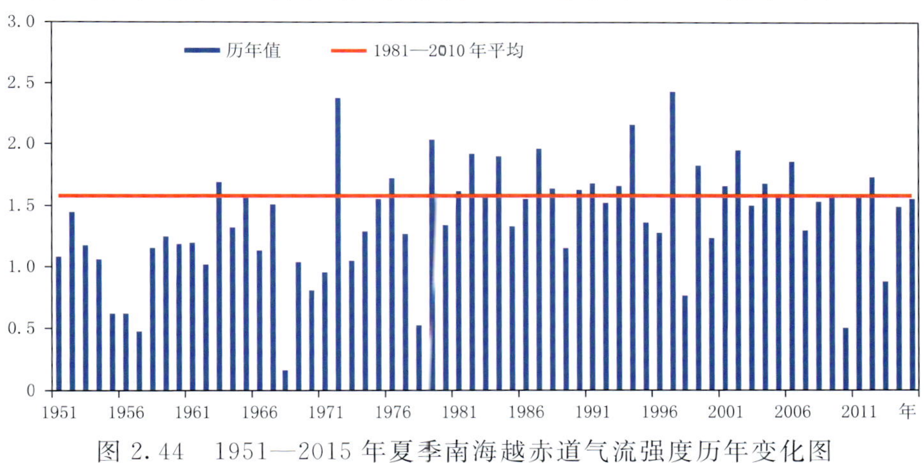

图 2.44 1951—2015 年夏季南海越赤道气流强度历年变化图

4)菲律宾越赤道气流

2015 年夏季,菲律宾越赤道气流强度指数为 2.5,较常年(2.4)偏大 0.1(图 2.45)。

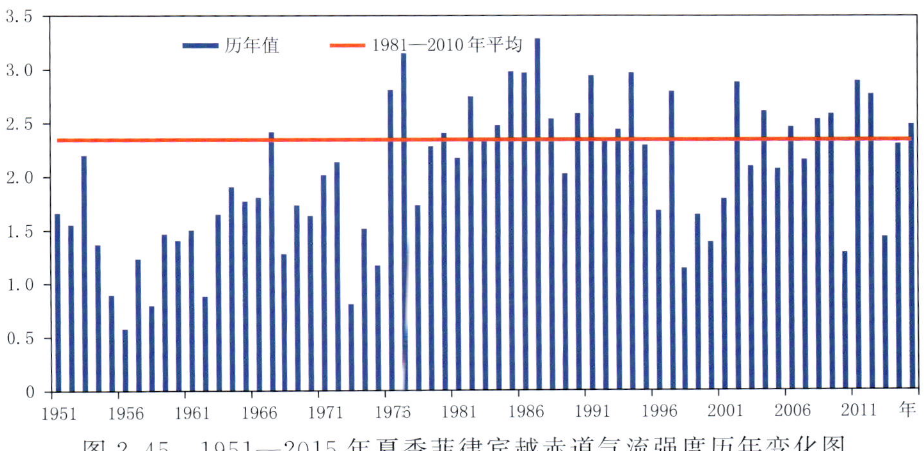

图 2.45 1951—2015 年夏季菲律宾越赤道气流强度历年变化图

(6)南亚高压

2015 年夏季,南亚高压的强度略偏强,中心位置偏北、偏西(图 2.46),南亚高压强度指数为 84.2,较常年(83.8)偏大 0.4(图 2.47)。

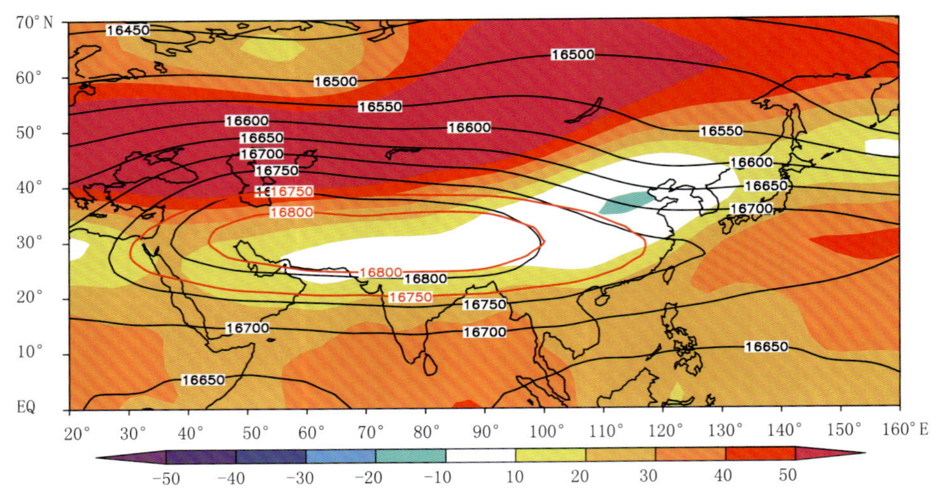

图 2.46 2015 年夏季 100 hPa 高度场(等值线)及距平(彩色阴影)分布图(单位:gpm)
(红色等值线表示气候平均的 16800 gpm 和 16750 gpm 等值线,近似代表南亚高压气候平均位置)

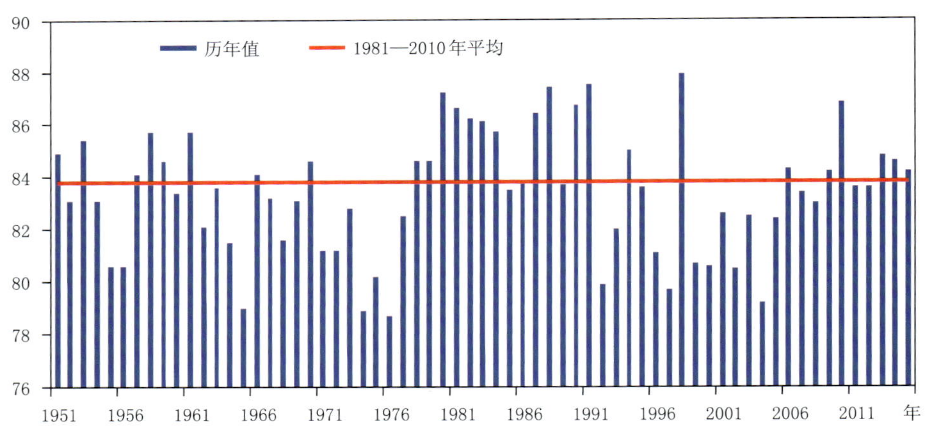

图 2.47 1951—2015 年夏季南亚高压强度指数历年变化图

(7)东亚副热带西风急流

2015 年夏季,在对流层高层 200 hPa 纬向风场上,东亚副热带急流总体偏弱(图 2.48)。东亚副热带西风急流强度指数为 29.7,较常年(57.8)偏小 28.1,急流中心位于 41.0°N,较常年(40.5°N)偏北 0.5 个纬度(图 2.49 和图 2.50)。

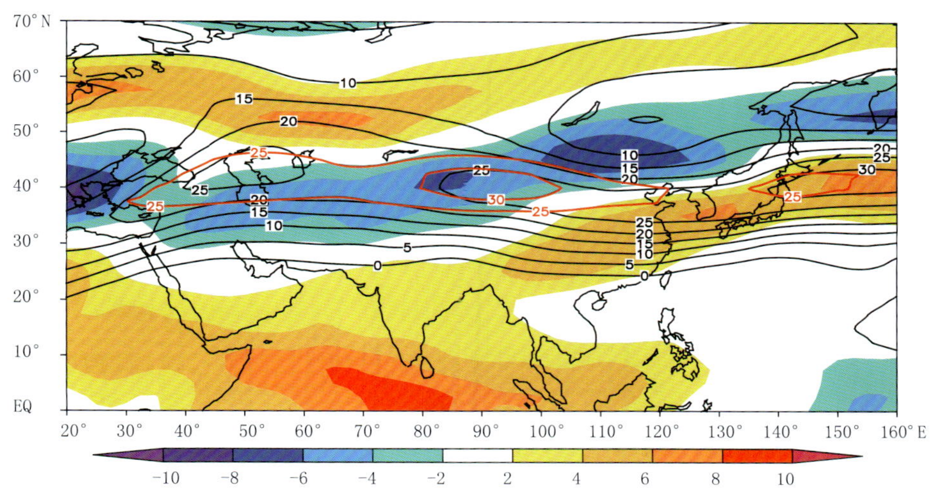

图 2.48 2015 年夏季 200 hPa 纬向风平均场(等值线)及距平(彩色阴影)分布图(单位:m/s)
(红色等值线表示气候平均的 25 m/s 和 30 m/s 等值线,近似代表东亚副热带急流中心气候平均位置)

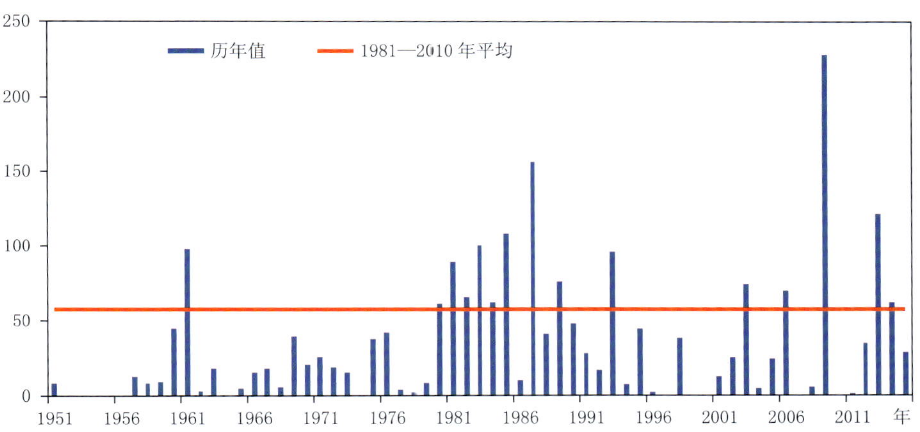

图 2.49 1951—2015 年夏季东亚副热带西风急流强度指数历年变化图

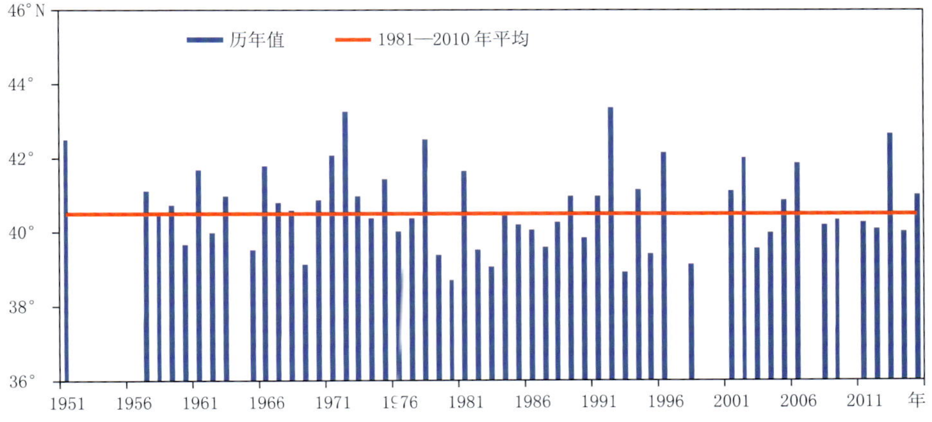

图 2.50 1951—2015 年夏季东亚副热带西风急流核经向位置历年变化图

2.5 东亚热带夏季风

2.5.1 热带季风推进过程

2015 年,亚洲热带季风最早于 5 月第 2 候在赤道东印度洋建立,然后分别向西北及东北方向推进;至 5 月第 5 候热带夏季风向东北方向推进到南海中部,标志着该地区热带夏季风的爆发,爆发时间与常年(5 月第 5 候)一致;热带夏季风西北向推进的前沿于 31 候(6 月 1 日)抵达印度半岛南部,较常年(6 月 5 日)偏晚并于 36 候左右(6 月 26 日)在整个印度半岛建立,较常年(7 月 15 日)偏早(图 2.51)。

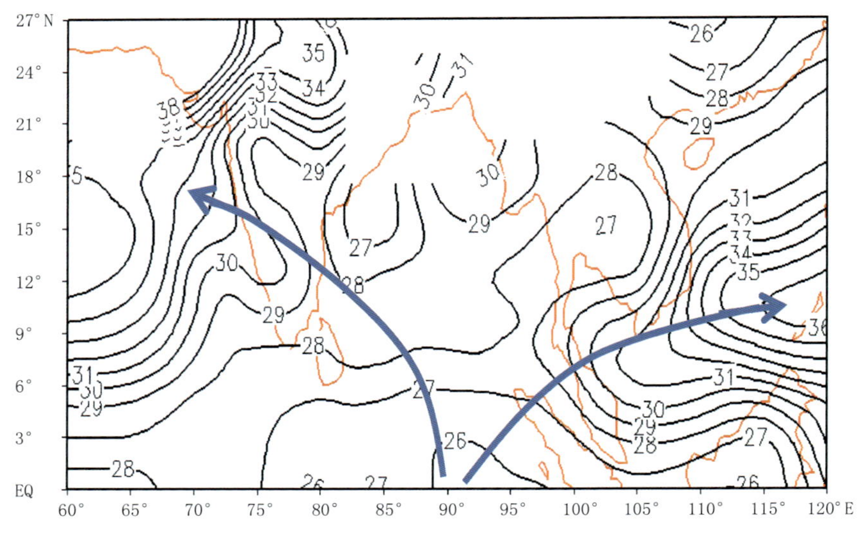

图 2.51 2015 年亚洲热带夏季风前沿推进示意图
(图中数字表示候值,蓝色箭头代表季风推进方向)

2.5.2 南海夏季风爆发

2015 年 5 月第 5 候以来,索马里越赤道气流和赤道印度洋西风明显增强,从索马里经赤道印度洋、孟加拉湾、中南半岛至南海北部地区的西南暖湿水汽通道已完全建立。与此同时,南海地区对流活动也较前期明显活跃(图略)。从监测指标看,自 5 月第 5 候起南海季风监测地区(10°~20°N,110°~120°E)连续 2 候 850 hPa 上空维持西风,且平均假相当位温超过 340 K(图 2.52)。因此,2015 年南海夏季风于 5 月第 5 候爆发,爆发时间与常年时间(5 月第 5 候)一致(图 2.53)。

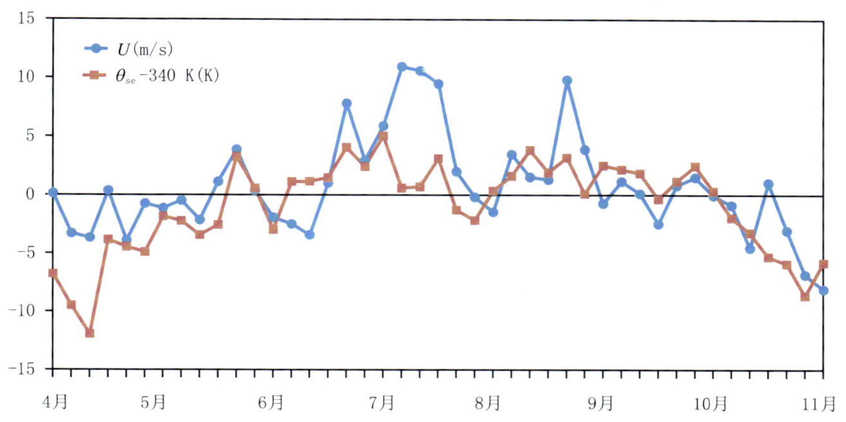

图 2.52 2015 年南海夏季风监测区(10°～20°N,110°～120°E)平均纬向风(单位:m/s)和假相当位温(单立:K)逐候演变图

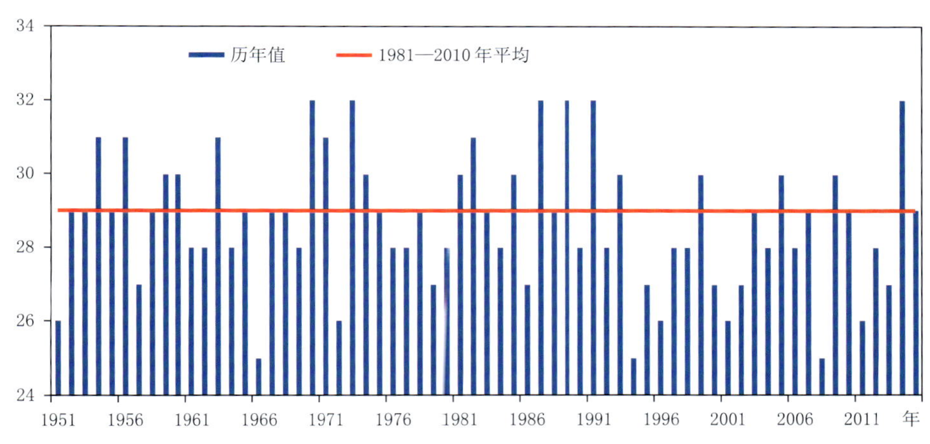

图 2.53 1951—2015 年南海夏季风爆发时间历年变化图(单位:候)

2.5.3 南海夏季风结束

2015 年 10 月第 2 候,表征南海夏季风的两个重要监测指标开始稳定地下降到临界值以下,即监测区(10°～20°N,110°～120°E)内假相当位温降到临界值(340 K)之下,纬向风已由西风转为东风(图 2.52)。从环流场上看,对流层低层(850 hPa),经索马里转向的西南季风气流明显减弱撤出南海地区,东北气流开始稳定地占据南海上空。与此同时,西太副高出现明显南撤。对流层高层(200 hPa),南亚高压逐渐向东、向南移到西北太平洋上空(图略)。

综合分析以上大气环流形势可以发现,2015 年南海夏季风于 10 月第 2 候结束,较常年(9 月第 6 候)偏晚 2 候(图 2.54)。

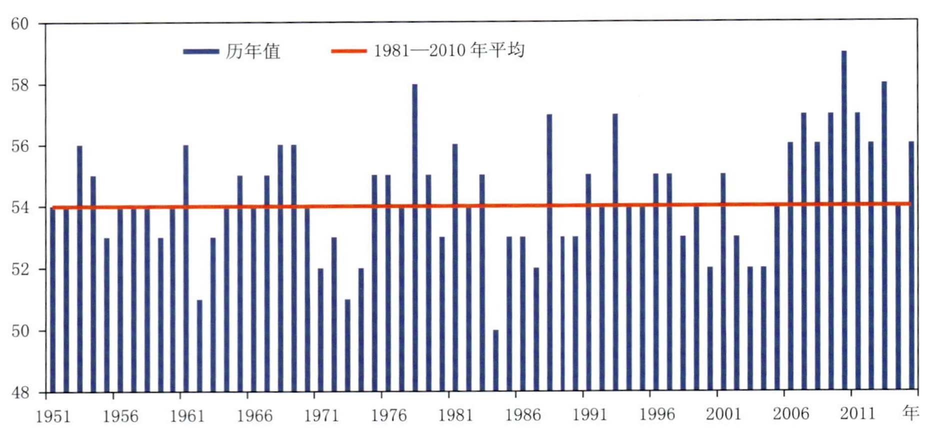

图 2.54　1951—2015 年南海夏季风结束时间历年变化图(单位:候)

2.5.4　南海夏季风强度

2015 年南海夏季风强度指数为－0.867,强度较常年偏弱(图 2.55)。

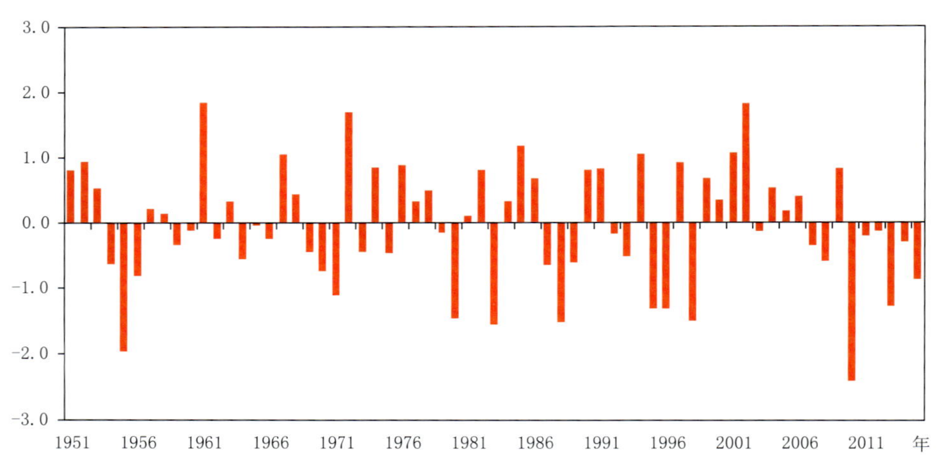

图 2.55　1951—2015 年南海夏季风强度历年变化图

2.6　东亚副热带夏季风

2.6.1　东亚副热带夏季风推进过程

2015 年,东亚副热带夏季风主要维持在中国江南北部至江淮地区。5 月第 5 候,南海夏季风爆发，随着西南季风的北推和副高北跳，东亚夏季风迅速推进至长江中下游地区。6月第5候，随东亚夏季风的向北推进，夏季风涌向北扩张，进入江淮地区。此后至7月第4候，东亚夏季风并未进一步向北推进，主要维持在江南北部至江淮地区，仅在7月下旬至8月初阶段性北推，季风涌抵达华北地区。8月第2候后，随着副高的南落，东亚夏季风也随之逐步南撤，至10月第2候，随着北方冷空气南下影响中国华南沿海和南海地区，南海地区的热力性质出现明显改变，东亚夏季风撤离南海地区（图2.56）。

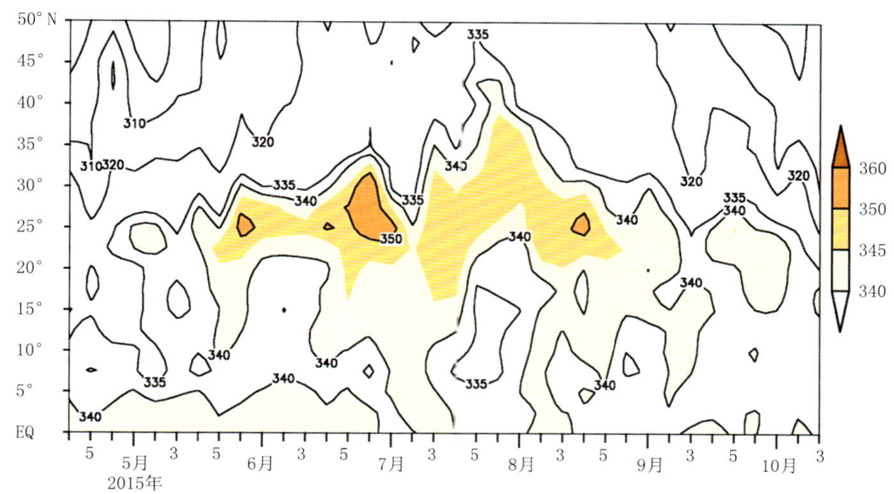

图2.56 2015年110°～120°E候平均假相当位温纬度—时间剖面图（单位：K）

2.6.2 东亚副热带夏季风强度

2015年东亚副热带夏季风强度指数为0.06，强度接近常年（图2.57）。

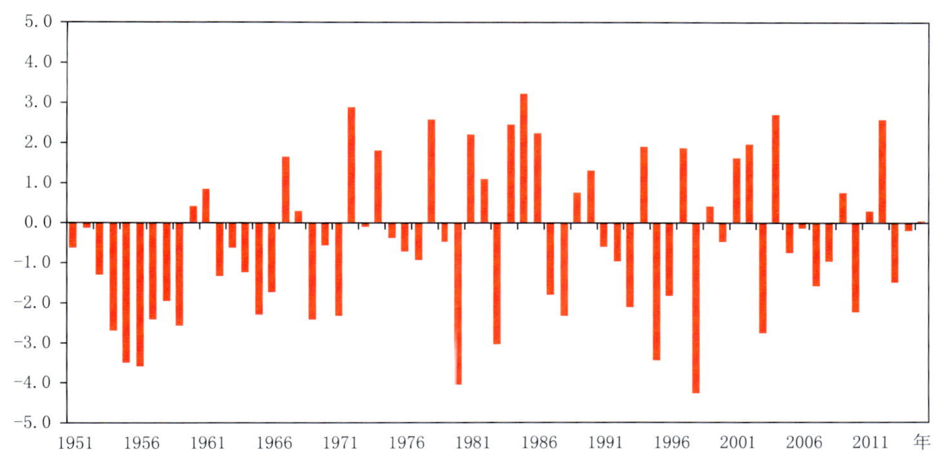

图2.57 1951—2015年东亚副热带夏季风强度指数的历年变化图

2.7 季节内振荡

2015年夏季，东亚地区30～60天季节内振荡(ISO)经向传播变化特征明显(图2.58)。5月下旬到6月上旬，南海南部地区(5°～15°N)为ISO的衰减位相所控制，因此南海夏季风爆发后进入中断期。直到6月中下旬，ISO转为发展位相，南海夏季风才开始再次活跃。6—7月，ISO活跃位相在梅雨区的传播，是造成2015年梅雨雨量偏多的重要原因。7—8月，由于没有活跃的ISO传播到35°N及其以北地区，可能是华北地区降水偏少的主要原因。

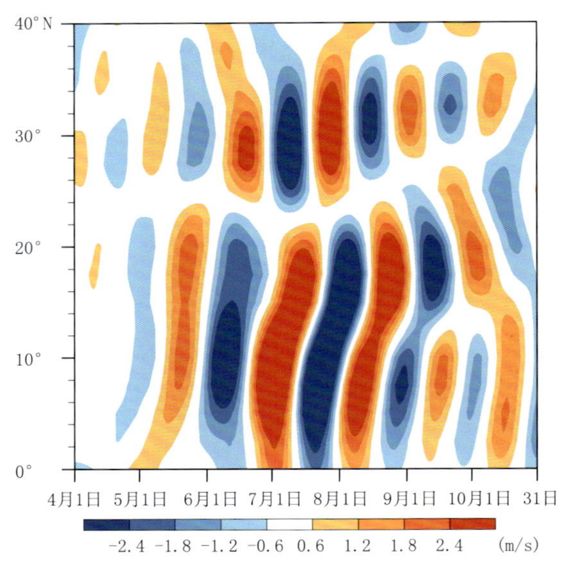

图2.58 2015年110°～120°E范围平均的30～60天滤波850 hPa纬向风时间—纬度演变图

第 3 章 中国雨季

2015 年夏季，中国主要雨季进程中，华南前汛期 5 月 5 日开始，较常年偏晚；6 月 25 日结束，较常年偏早，前汛期总降水量较常年偏少 29.2%。西南雨季 6 月 9 日开始，10 月 15 日结束，均较常年偏晚，雨季总降水量比常年偏少 9.9%。江南梅雨 5 月 27 日入梅，较常年偏早 12 天，7 月 26 日出梅，较常年偏晚 18 天，梅雨量较常年偏多 85.1%；长江中下游梅雨 5 月 26 日入梅，较常年同期偏早 19 天，7 月 27 日出梅，较常年偏晚 14 天，梅雨量较常年偏多 94.6%；江淮梅雨 6 月 24 日入梅，较常年偏晚 3 天，7 月 20 日出梅，较常年偏晚 5 天，梅雨量较常年偏多 31.2%。华北雨季于 7 月 23 日开始，较常年偏晚，8 月 17 日结束，较常年偏早，雨季总降水量比常年偏少 52.0%。华西秋雨季 8 月 24 开始，10 月 7 日结束，均较常年偏早，秋雨总降水量较常年偏少 4.6%。

3.1 中国东部雨带演变

中国东部雨带的推进，与东亚季风的推进过程密切相关(图 3.1)。2015 年 5 月第 1～5 候，中国东部雨带主要维持在华南地区；5 月第 6 候，西太副高北抬，中国江南和长江中下游地区进入梅雨季节，入梅日期均较常年偏早。随着西太副高的持续北抬，中国江淮地区于 6 月第 5 候入梅，入梅日期较常年略偏晚。6 月第 5 候，华南前汛期结束，结束时间较常年偏早。7 月第 2～3 候，西太副高突然南撤，7 月第 4 候西太副高再次北抬，江淮地区出梅；7 月第 5 候华北雨季开始，开始时间偏晚。8 月第 3 候，西太副高和东亚季风开始逐渐南撤，季风雨带也开始南移。8 月第 4 候，华北雨季结束。随着季风的进一步南撤，8 月第 5 候，中国华西地区降水明显增多，华西秋雨开始。10 月第 2 候，华西秋雨结束。随着北方冷空气南下影响中国华南沿海和南海地区，夏季风开始撤离南海地区，南海夏季风结束。

另外，中国东部雨带的推进及强度变化与低频降水(30～60 天)活动也有一定关系。如 5 月中旬、6 月上中旬、7 月下旬至 8 月上旬期间，低频降水自华南向北传播到黄淮一带，正好对应了上述地区降水的增强过程。而 8 月下旬以后，伴随低频降水的南撤，东部雨带撤退到华南一带。

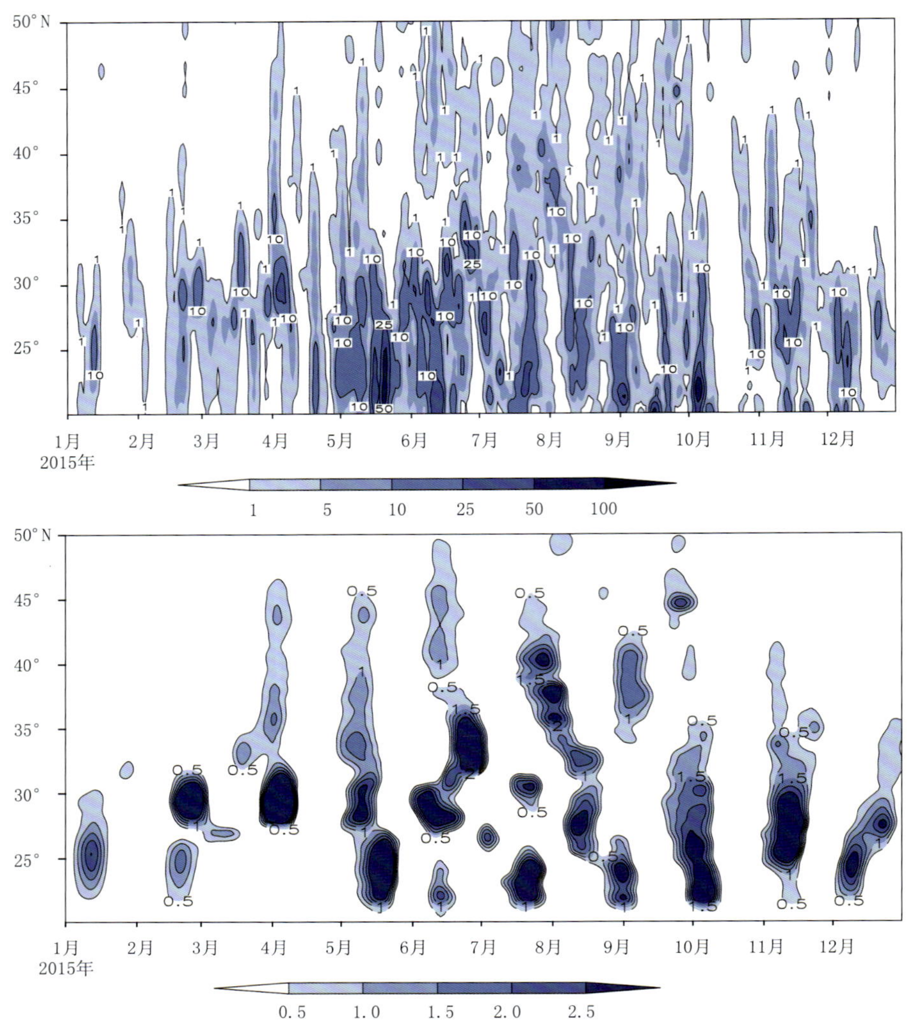

图 3.1　2015 年中国东部(110°～120°E)日平均降水量(上)、30～60 天(下)低频降水纬度—时间剖面图(单位:mm)

3.2　华南前汛期

2015 年华南前汛期开始于 5 月 5 日,较常年(4 月 6 日)偏晚 29 天;结束于 6 月 25 日,较常年(7 月 6 日)偏早 11 天。2015 年华南前汛期总降水量为 517.8 mm,比常年(731.8mm)偏少 29.2%(图 3.2)。

2015/2016 超强厄尔尼诺事件对于 2015 年华南前汛期入汛偏晚、结束偏早、雨量偏少产生了重要的影响。2015 年春夏季节,厄尔尼诺事件持续发展,赤道东太平洋的海温偏高,在该地区产生异常的上升运动,赤道西太平洋地区产生异常的下沉运动,从而激发异常的反气旋环流,加强西太平洋副热带高压。与此同时,赤道印度洋地区的全区一致偏暖,也会

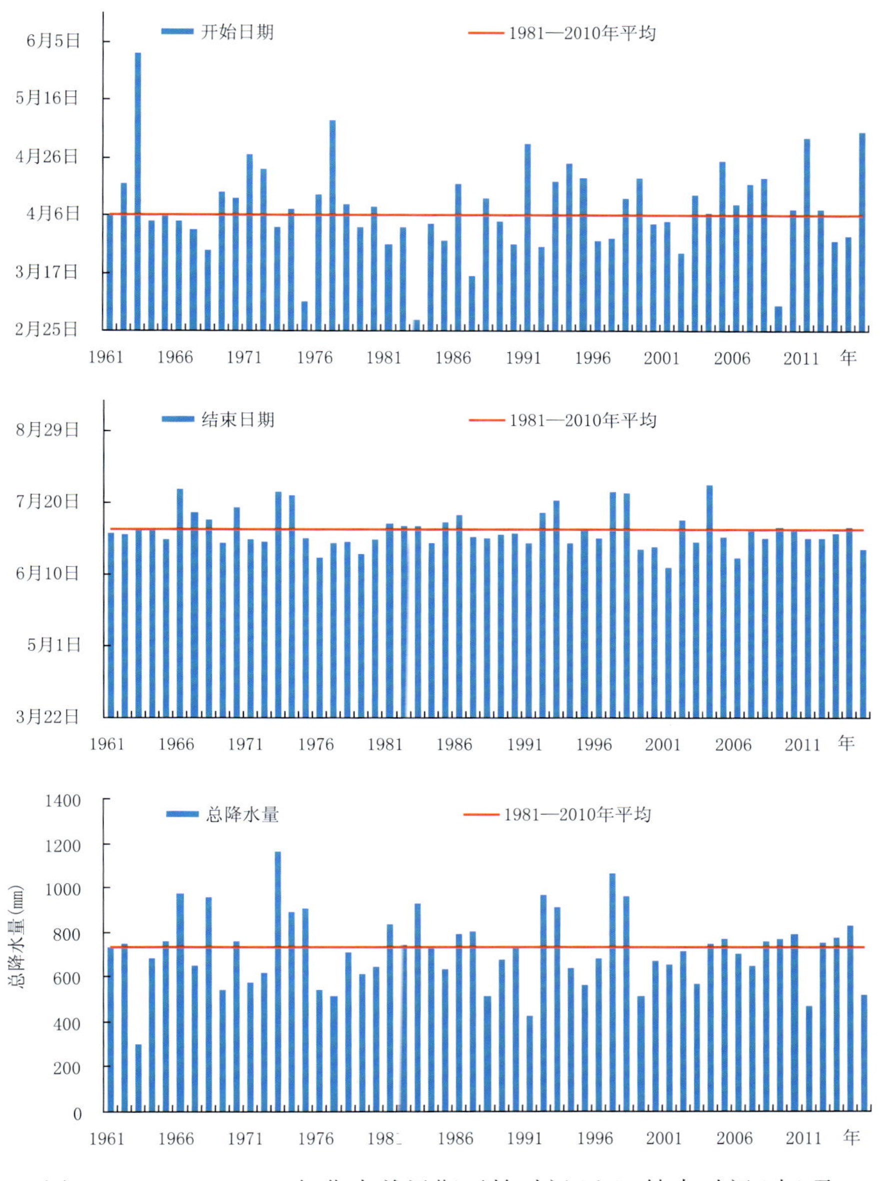

图 3.2 1961—2015 年华南前汛期开始时间(上)、结束时间(中)及雨季总降水量(下)历年变化图

导致赤道印度洋地区产生异常上升运动,而西太平洋地区产生异常下沉运动,从而加强了西太平洋副热带高压(图 3.3)。

从 500 hPa 环流来看,5—6 月西太副高偏西偏强,导致华南地区受异常高压控制,盛行下沉气流,利于晴热少雨天气发生(图 3.4);配合同期华南大部地区处于水汽辐散区,缺乏充分的水汽供应(图 3.5),致使华南前汛期入汛偏晚、降水异常偏少。后期副高脊线北跳,中国夏季雨季进程推进至江南及长江中下游地区,华南前汛期随之结束。

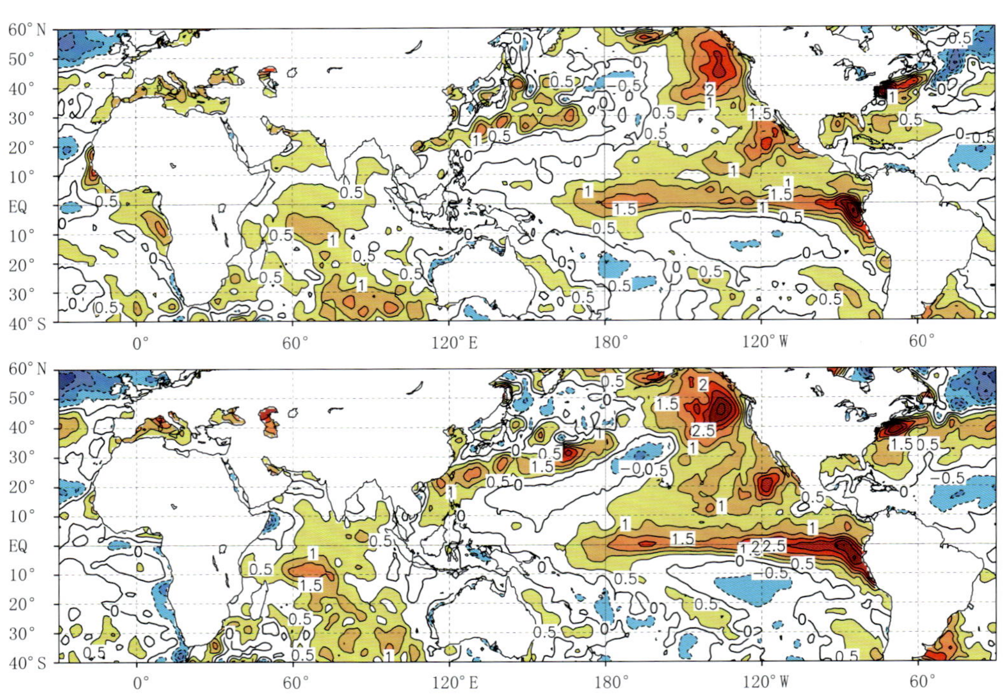

图 3.3　2015 年 5 月(上)及 6 月(下)全球海表温度距平分布图(单位:℃)

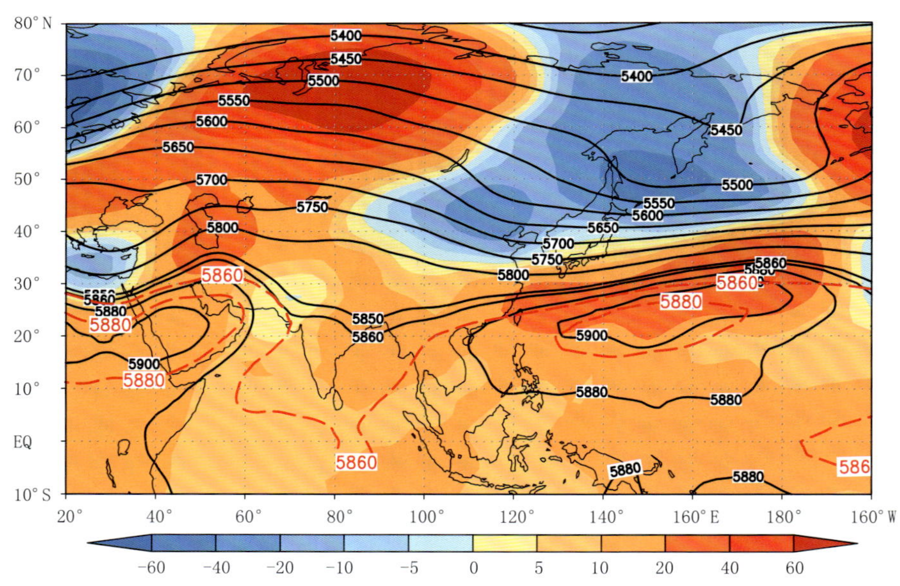

图 3.4　2015 年 5 月 5 日—6 月 24 日 500 hPa 高度(等值线)及距平(彩色阴影)分布图(单位:gpm)(红色等值线表示气候平均的 5860 gpm 和 5880 gpm 等值线,近似代表西太副高气候平均的位置)

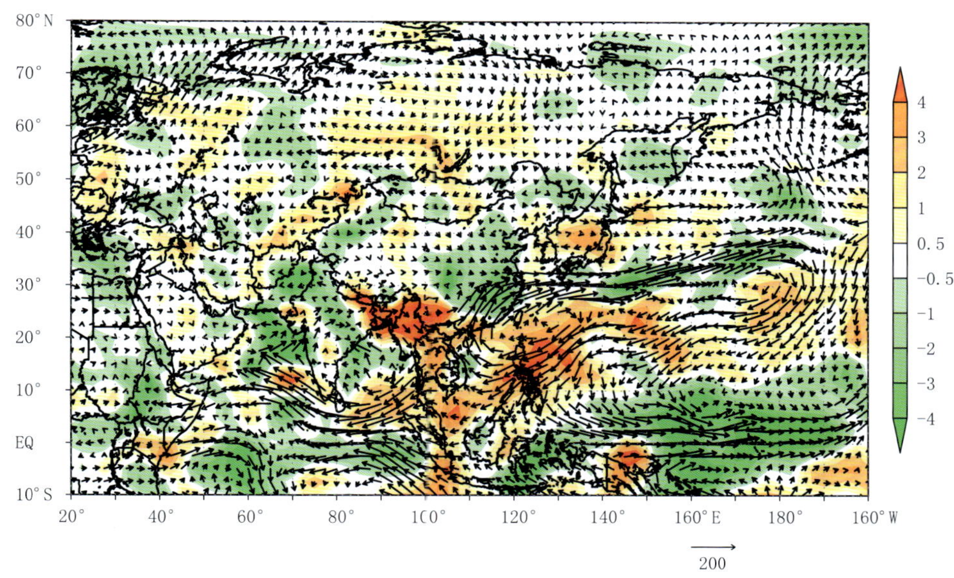

图 3.5 2015 年 5 月 5 日—6 月 24 日整层积分水汽输送(矢量;单位:kg/(s·m))和辐合辐散距平(彩色阴影;单位:10^{-5} kg/(s·m^2))分布图

3.3 西南雨季

中国西南地处低纬高原地区,位于青藏高原向东延伸的部位,受亚洲季风的影响比较明显,干湿季节相当分明。5—10 月是西南地区湿季,受西南夏季风和东亚夏季风的交替影响,水汽充沛,降水比较集中,大部分地区湿季的降水占年总降水量 80%以上,而 11 月至次年 4 月是干季,受西风带气流影响,气候干燥,降水稀少。

3.3.1 西南雨季总体特征

2015 年西南雨季开始于 6 月 9 日,较常年(5 月 26 日)开始偏晚 14 天,结束于 10 月 15 日,比常年(10 月 14 日)结束偏晚 1 天。2015 年西南雨季期间,西南地区总降水量为 671.0 mm,比常年(744.9 mm)偏少 9.9%(图 3.6)。

3.3.2 环流特征

2015 年西南雨季期间(6 月 9 日—10 月 14 日),500 hPa 环流场上,欧亚中高纬呈两槽一脊的环流形势,乌拉尔山一带为高空槽区;东亚地区为南北向“+ — +”的距平型(图 3.7)。这种形势有利于引导冷空气入侵中国。但中国西南地区正好为正高度距平控制,致使影响该地区的冷空气较弱。850 hPa 风场上,印度洋上空呈现异常气旋性环流,索马里急流偏弱,90°E 附近的越赤道气流也偏弱(图 3.8),不利于印度洋的暖湿水汽向中国西南地区输送，西南地区水汽以辐散为主(图 3.9)，导致 2015 年西南地区雨季期间降水总体偏少。

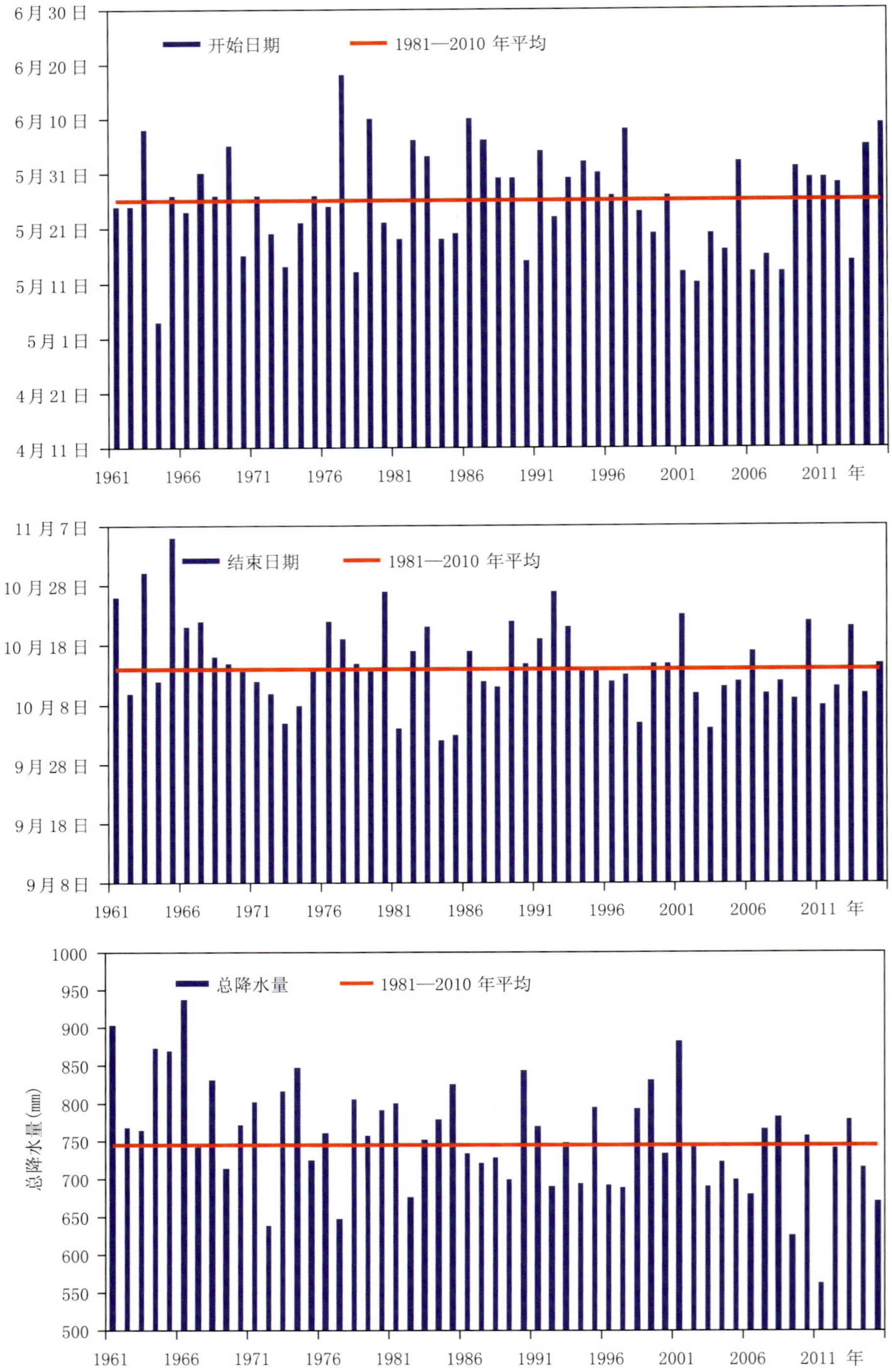

图 3.6　1961—2015 年西南雨季开始时间(上)、结束时间(中)及雨季总降水量(下)历年变化图

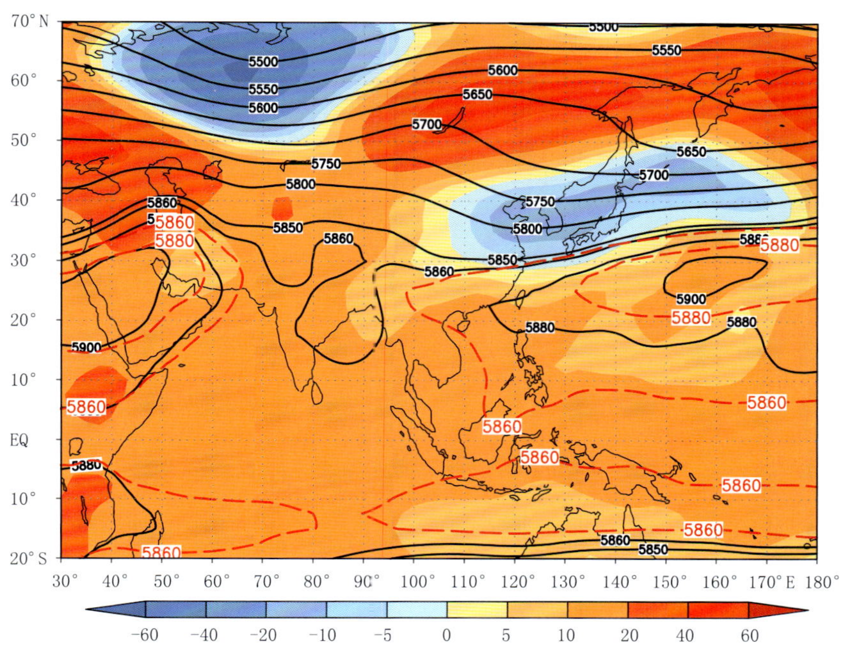

图 3.7 2015 年西南雨季期间 500 hPa 高度(等值线)及距平(彩色阴影)分布图(单位:gpm)
(红色等值线表示气候平均的 5860 gpm 和 5880 gpm 等值线,近似代表西太副高气候平均的位置)

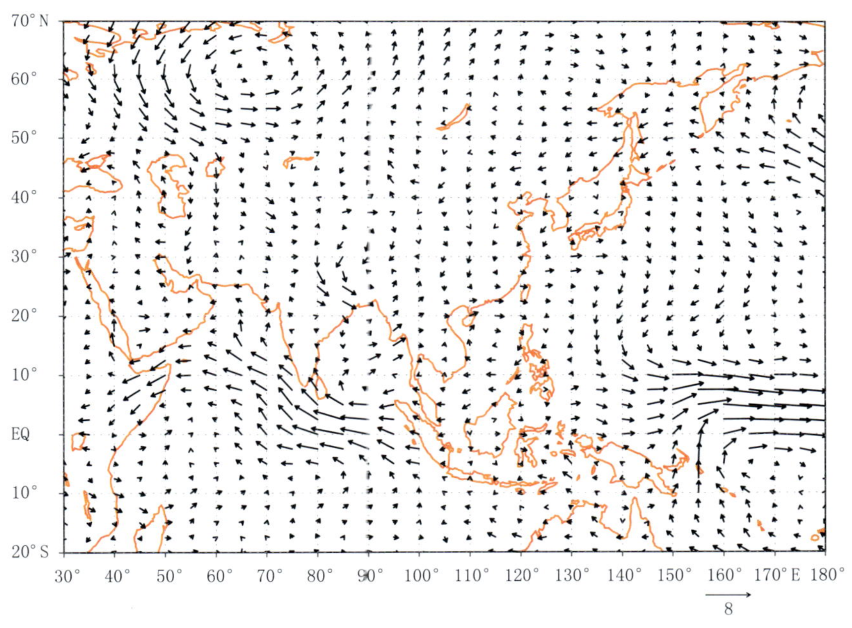

图 3.8 2015 年西南雨季期间 850 hPa 风场距平分布图(单位:m/s)

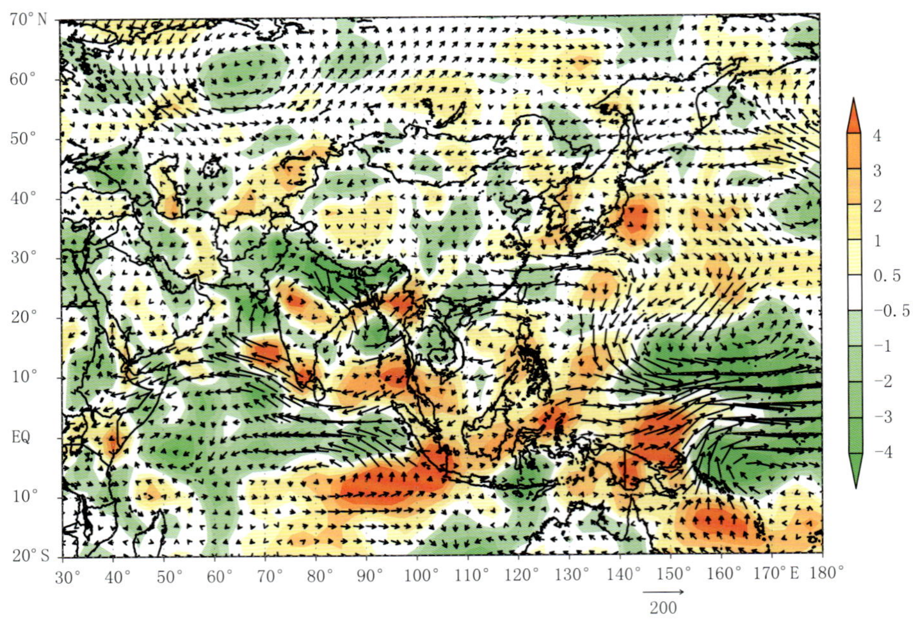

图 3.9　2015 年西南雨季期间整层积分水汽输送(矢量;单位:kg/(s·m))和辐合辐散距平(彩色阴影;单位 10^{-5} kg/(s·m^2))分布图

3.4　中国梅雨

3.4.1　梅雨总体特征

2015 年江南梅雨 5 月 27 日入梅,较常年偏早 12 天,7 月 26 日出梅,较常年偏晚 18 天,梅雨量为 676.5 mm,较常年偏多 85.1%,为 2000 年以来第一高值年;长江中下游梅雨 5 月 26 日入梅,较常年同期偏早 19 天,7 月 27 日出梅,较常年偏晚 14 天,梅雨量为 546.8 mm,较常年偏多 94.6%,为 2000 年以来第一高值年;江淮梅雨 6 月 24 日入梅,较常年偏晚 3 天,7 月 20 日出梅,较常年偏晚 5 天,梅雨量为 347.0 mm,较常年偏多 31.2%(表 3.1)。

因此,2015 年梅雨总的气候特征为入梅时间早,出梅时间晚,梅雨期显著偏长,梅雨期雨量显著偏多。

表 3.1　2015 年梅雨监测概况

区 域	入梅时间	出梅时间	梅雨期(天)	梅雨量(mm)
Ⅰ型(江南)	5 月 27 日	7 月 26 日	60	676.5 (+85.1%)
Ⅱ型(长江中下游)	5 月 26 日	7 月 27 日	62	546.8 (+94.6%)
Ⅲ型(江淮)	6 月 24 日	7 月 20 日	26	347.0 (+31.2%)

注:梅雨量括号中数值为梅雨降水距平百分率。

3.4.2 环流特征

梅雨期间，在北半球 500 hPa 高度距平场上（图 3.10），西太平洋副热带高压显著偏强、偏大、西伸脊点偏西，有利于西南低空急流发生频数偏多、强度偏强，引导来自孟加拉湾和南海的水汽向中国长江中下游地区输送。同时，贝加尔湖以北的高纬度地区为明显的正高度距平所覆盖，贝加尔湖以南的中纬度地区主要受负高度距平控制，入侵中国南方地区的冷空气活动相对比较活跃。这种形势有利于冷暖气流在江淮至江南的梅雨区频繁交汇，在整层水汽积分场上（图 3.11），长江中下游和江南地区为显著的水汽辐合区，有利于梅雨雨量偏多。

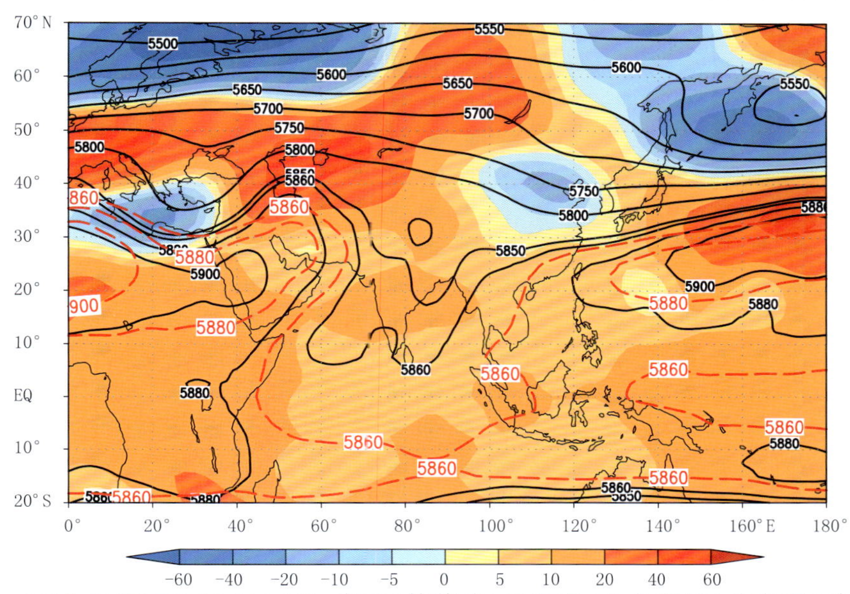

图 3.10 2015 年梅雨期间 500 hPa 高度（等值线）及距平（彩色阴影）分布图（单位：gpm）
（红色等值线表示气候平均的 5860 gpm 和 5880 gpm 等值线，近似代表西太副高气候平均的位置）

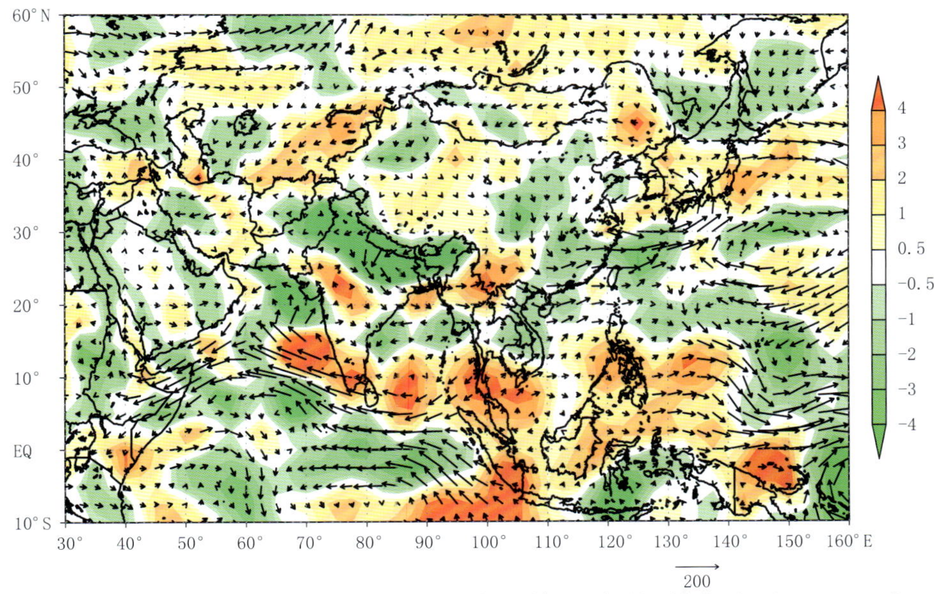

图 3.11 2015 年梅雨期间整层积分水汽输送（矢量；单位：kg/(s·m)）和
辐合辐散距平（彩色阴影；单位：10^{-5} kg/(s·m^2)）分布图

3.5 华北雨季

华北雨季是指受东亚夏季风向北推进影响，每年7月中下旬至8月上中旬为华北地区降水最集中的时期。华北雨季降水强度大，时空分布极为不均，可伴随雷电、大风、冰雹等强对流天气；同时，受季风气候影响，华北雨季长度年际变化大，强弱变化差异显著。

3.5.1 华北雨季总体特征

2015年华北雨季于7月23日开始，较常年(7月18日)偏晚5天，于8月17日结束(含8月17日)，较常年(8月18日)偏早1天，雨季长度为26天，较常年同期(32天)偏短6天(图3.12)。2015年华北雨季总降水量为65.1 mm，比常年(135.7 mm米)偏少52.0%，为近13年来次少(图3.12)。雨季期内华北监测区大部地区降水偏少20%～50%，部分地区偏少50%以上。

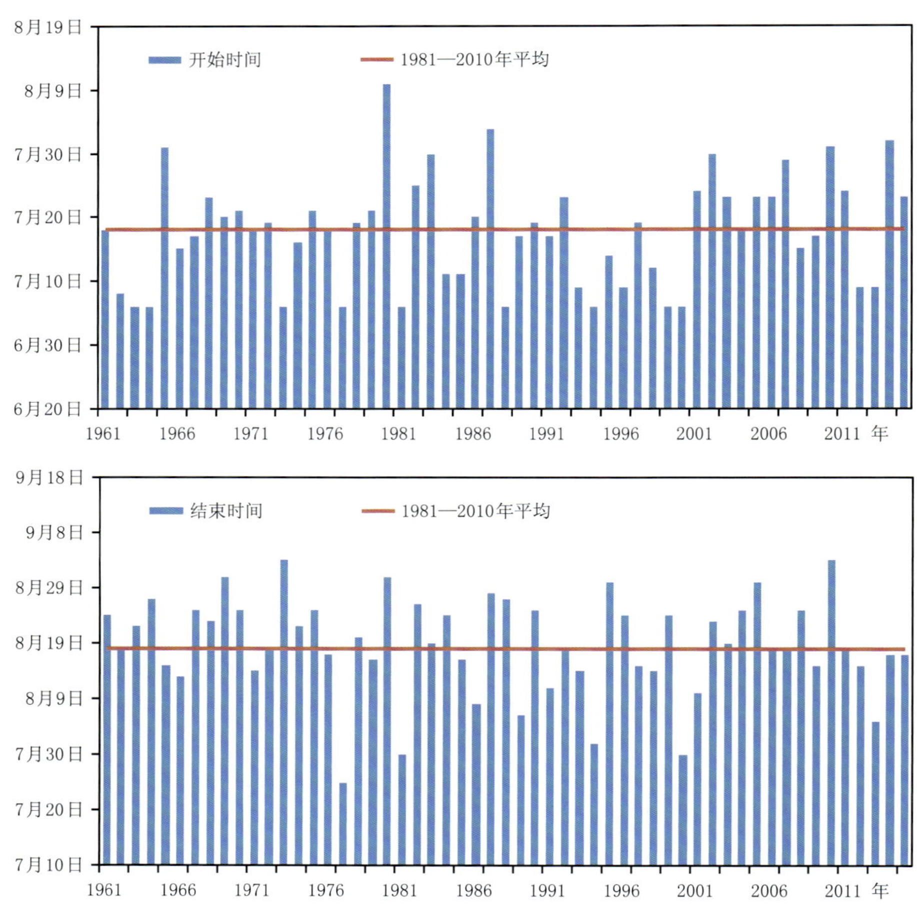

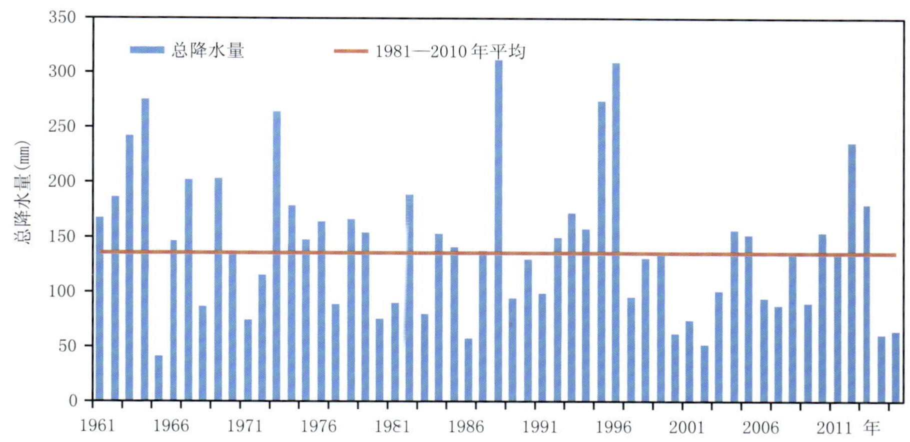

图 3.12 1961—2015 年华北雨季开始时间(上)、结束时间(中)和雨季总降水量(下)历年变化图

3.5.2 环流特征

由 500 hPa 位势高度及距平场来看(图 3.13),亚洲中高纬地区表现为纬圈方向西高东低、经圈方向北低南高的高度距平分布型。有研究表明,当 7—8 月亚洲大陆高压发展时,不利于华北地区多雨。逐日副高指数表明:整个雨季内,西北太平洋副热带高压强度总体偏强,西伸脊点偏西,但脊线位置偏南,这不利于西南季风水汽与副高西侧偏南气流汇合后的暖湿气流向华北输送,中国北方地区水汽条件偏差,特别是华北西部地区为水汽异常辐散区(图 3.14);同期,华北地区低层 850 hPa 为异常北风距平,夏季风北进偏弱,7 月第 5 候

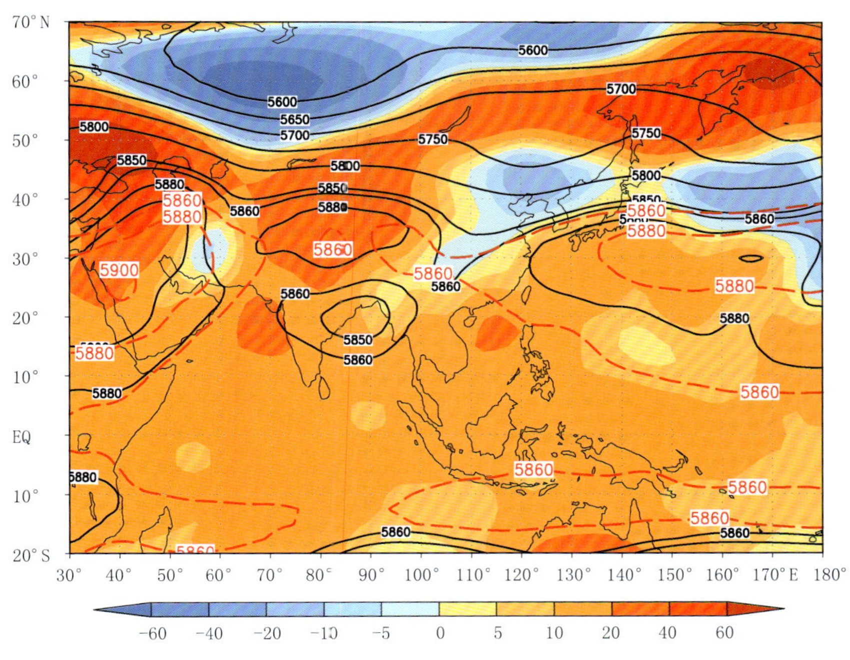

图 3.13 2015 年华北雨季期间 500 hPa 高度(等值线)及距平(彩色阴影)分布图(单位:gpm)
(红色等值线表示气候平均的 5860 gpm 和 5880 gpm 等值线,近似代表西太副高气候平均的位置)

北进到华北,短暂停留至8月第2候,之后便迅速南撤(图3.15),这就造成华北降水偏少,雨带未能在该地区长时间维持,雨季长度偏短。雨季内华北监测区大部分地区降水偏少20%~50%,部分地区偏少50%以上,出现干旱。

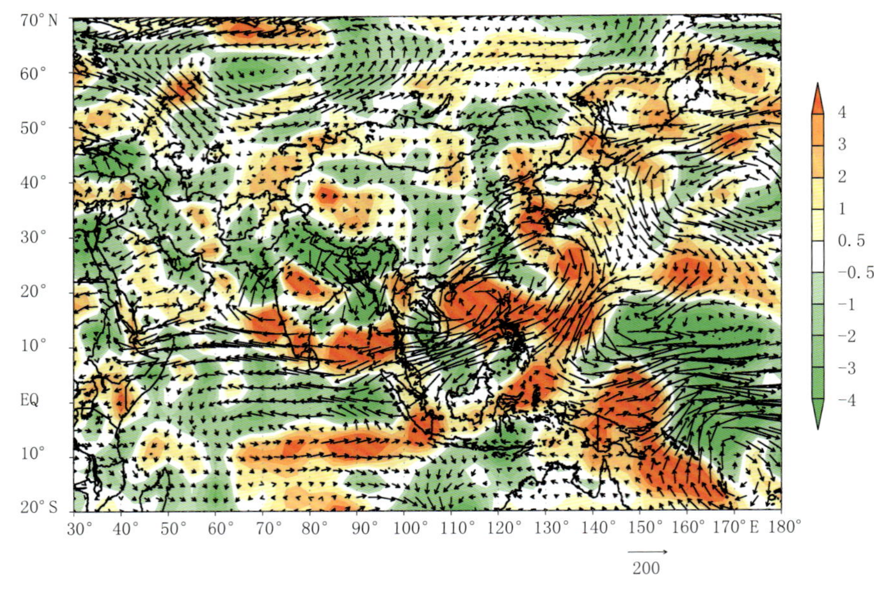

图3.14 2015年华北雨季期间整层积分水汽输送(矢量;单位:kg/(s·m))和辐合辐散距平(彩色阴影;单位:10^{-5} kg/(s·m^2))分布图

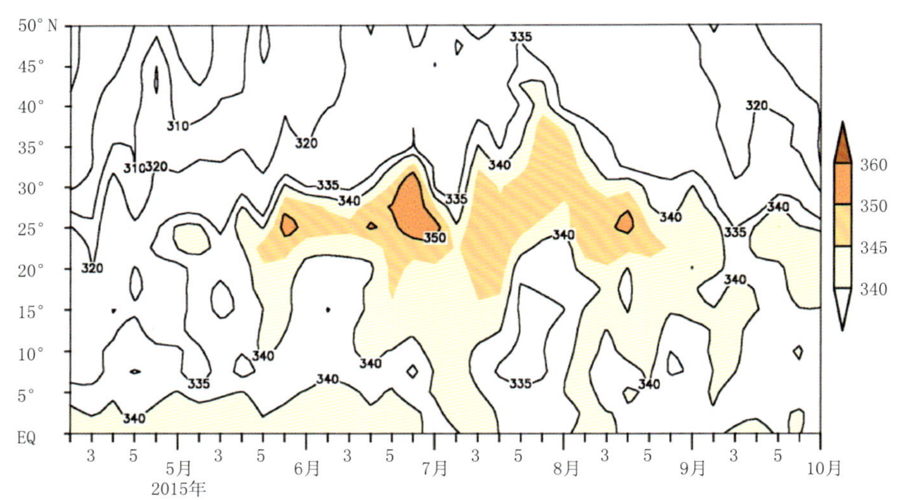

图3.15 110°~120°E平均假相当位温时间—纬度剖面图(单位:K)

3.6 华西秋雨

华西秋雨是中国华西地区特有的雨季。它主要出现在四川、重庆、贵州、甘肃东部和南部、陕西关中和陕南、湖南西部、湖北西部一带。华西秋雨以绵绵细雨为主,持续的阴雨寡照，对于当地的农业生产和人民生活带来一定的不利影响。华西秋雨的降水量虽然少于夏季，但持续的降水也容易引发秋汛，直接关系到工农业生产和人民生命财产安全。

3.6.1　华西秋雨总体特征

2015年华西秋雨开始早、结束早、雨期短、雨量小。华西秋雨于8月24日开始，较常年偏早7天，10月7日结束，比常年偏早25天。平均雨量193.4 mm，较常年偏少4.6%(图3.16)。但区域差异显著，主要表现为华西"南多北空"特点，即华西南部雨量偏多，而华西北部出现空汛。

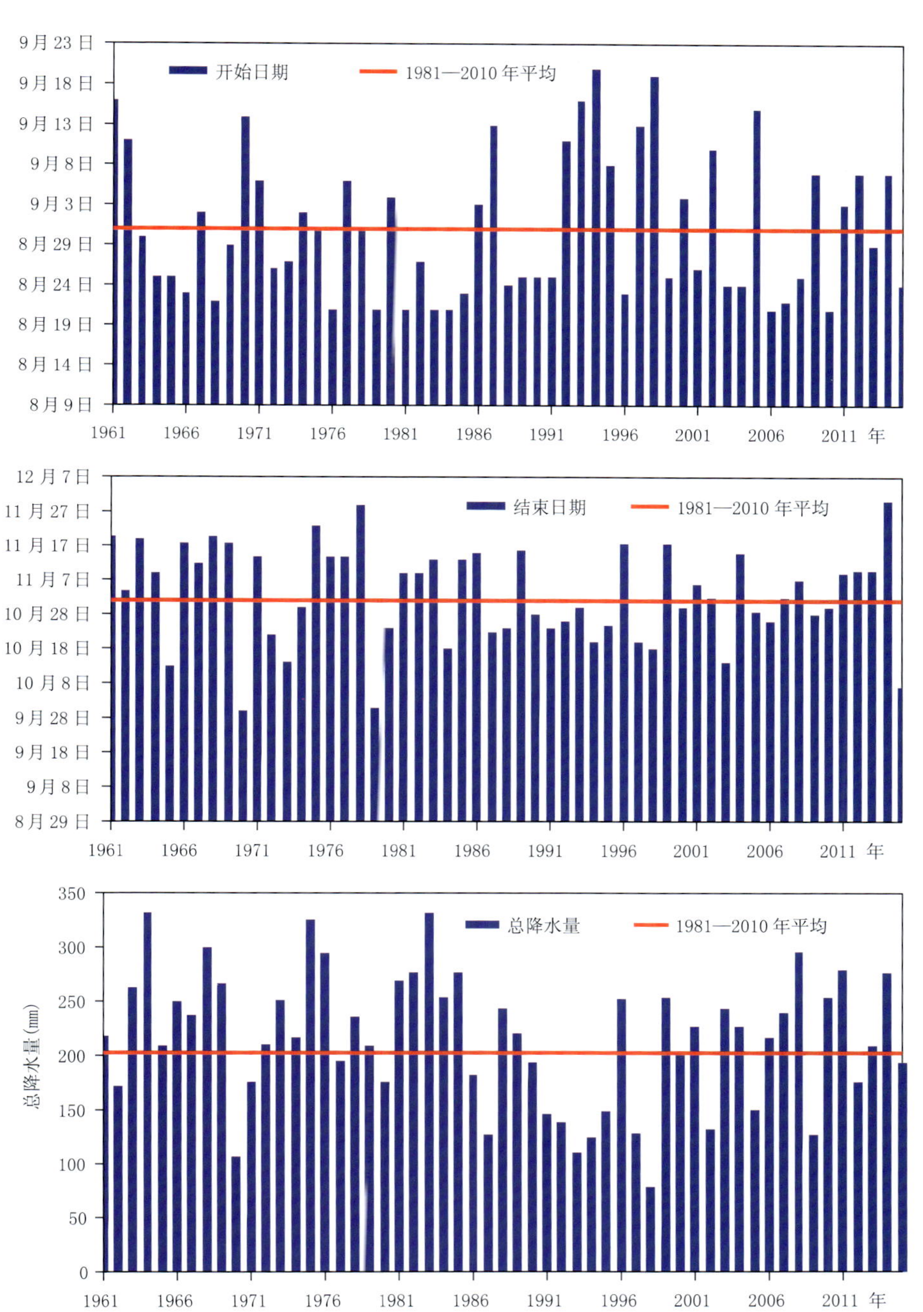

图3.16　1961—2015年华西秋雨开始时间(上)、结束时间(中)及总降水量(下)历年变化图

3.6.2 环流特征

2015 年华西秋雨持续期间，欧亚中高纬 500 hPa 高度场呈两脊一槽的环流形势，乌拉尔山以西地区为高压脊控制，而贝加尔湖上空为偏强的高空槽区（图 3.17），受其影响中国新疆至西北地区对流层低层北风异常活跃，有利于冷空气南下影响中国华西地区。同时，西太平洋副热带高压强度偏强，西伸脊点明显偏西。受此影响，中南半岛至中国南海地区对流低层出现异常反气旋式环流（图 3.18），导致来自孟加拉湾和中国南海地区的西南暖湿气流偏强，为华西地区秋雨带来充沛的水汽（图 3.19）。

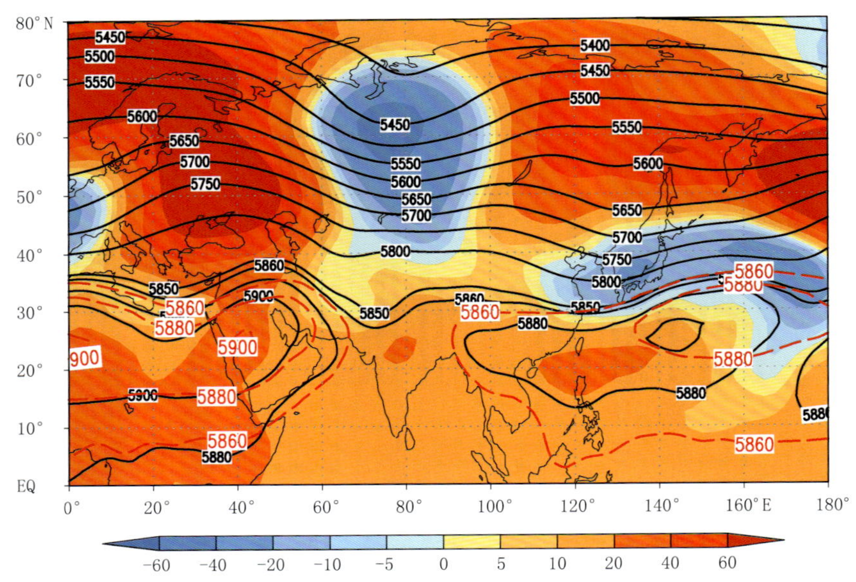

图 3.17　2015 年 8 月 24 日—10 月 6 日 500 hPa 高度及距平（单位：gpm）分布图

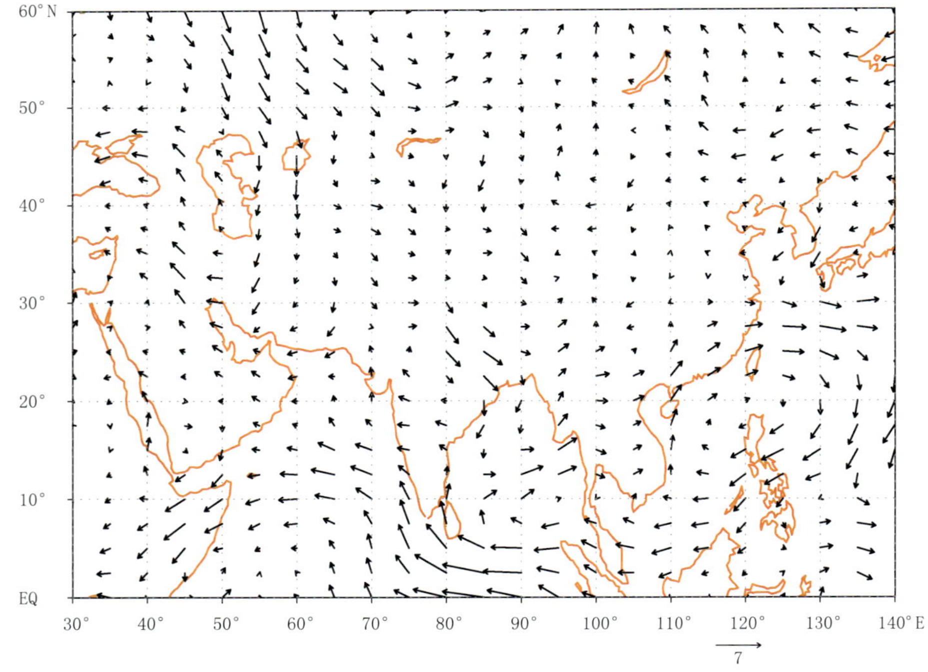

图 3.18　2015 年 8 月 24 日—10 月 6 日 850 hPa 风场距平（单位：m/s）分布图

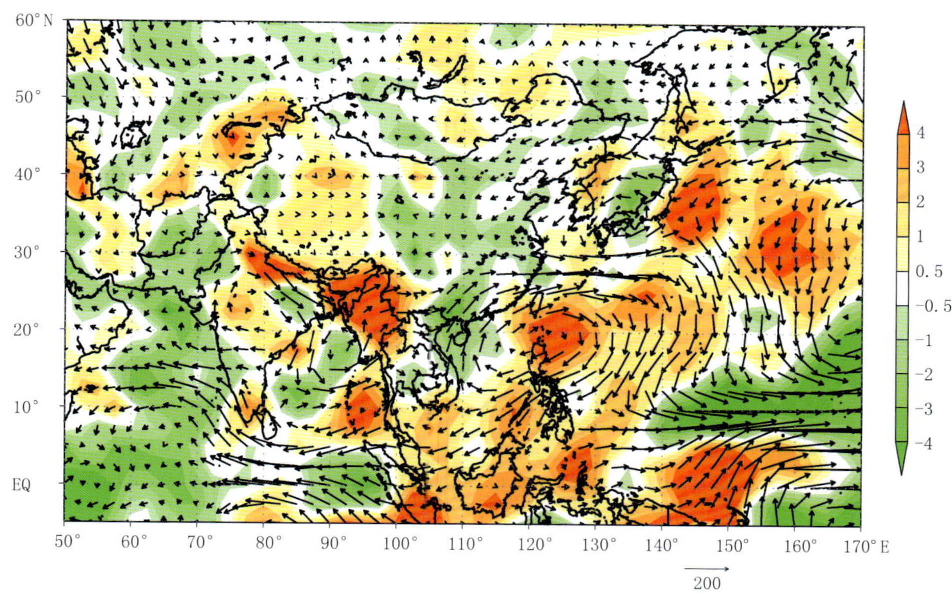

图 3.19 2015 年 8 月 24 日—10 月 6 日整层积分水汽输送(矢量:单位:kg/(s·m))和辐合辐散距平(彩色阴影;单位:10^{-5} kg/(s·m^2))异常分布图

3.7 中国雨季概况

综合以上分析,2015 年中国雨季概况见表 3.2。

表 3.2 2015 年中国雨季概况信息表

		开始—结束时间	总降水量(mm)
华南前汛期		2015 年 5 月 5 日—6 月 25 日	517.8(偏少 29.2%)
西南雨季		2015 年 6 月 9 日—10 月 15 日	671.0(偏少 9.9%)
梅雨	江南	2015 年 5 月 27 日—7 月 26 日	676.5(偏多 85.1%)
	长江中下游	2015 年 5 月 26 日—7 月 27 日	546.8(偏多 94.6%)
	江淮	2015 年 6 月 24 日—7 月 20 日	347.0(偏多 31.2%)
华北雨季		2015 年 7 月 23 日—8 月 18 日	65.1(偏少 52.0%)
华西秋雨		2015 年 8 月 24 日—10 月 7 日	193.4(偏少 4.6%)

注:雨季开始日,不含结束日。

附录 A　资料和指标说明

A1　资料

全球地面逐月平均气温、降水量资料来自中国国家气象信息中心和美国国家环境信息中心，共 3285 个观测站，多年平均基准期为 1981—2010 年。

中国地面逐月平均气温、降水量资料来自中国国家气象信息中心，共 2415 个观测站，多年平均基准期为 1981—2010 年。

中国极端事件指标监测使用的逐日资料来自中国国家气象信息中心，从全国 2415 个气象站中选取时间序列至少有 40 年、分布较为均匀的 2385 个站点，观测要素包括平均气温、最高气温、最低气温及日降水量，多年平均基准期为 1981—2010 年。

大气环流资料来自美国国家环境预测中心，多年平均基准期为 1981—2010 年。

向外射出长波辐射(OLR)资料来自美国国家海洋大气局，网格点距为 2.5°×2.5°，多年平均基准期为 1981—2010 年。

海表温度(SST)实时和历史资料来自美国国家海洋大气局，网格点距为 1°×1°，多年平均基准期为 1981—2010 年(Reynolds 等，2002)。

北半球积雪资料为美国国家海洋大气局卫星监测的北半球逐周积雪覆盖数据，来自美国罗格斯大学气候实验室，多年平均基准期为 1981—2010 年。

南、北极海冰密集度资料来自美国国家海洋大气局，分辨率为 1°×1°，多年平均基准期为 1982—2010 年。

2014/2015 年冬季为 2014 年 12 月—2015 年 2 月，2015 年夏季为 2015 年 6—8 月。本年鉴中的图表(历年变化图)，2014/2015 年冬季在横坐标中标为 2015 年，相应计算 1981—2010 年气候态时，为 1980/1981 年至 2009/2010 年冬季平均。

A2　监测指标说明

A2.1　极端事件监测指标

中国极端事件监测使用历史极值、百分位阈值等方法定义的指标进行监测，具体指标定义方法说明如下。

历史极值：某指标历史序列的极大或极小值，要求该历史序列从建站到统计截止时间至少有30年。

极端事件：对某指标的样本序列从小到大进行排位，定义超过该序列的第95百分位值为极端多事件，低(少)于第5百分位值为极端少事件。样本序列由该指标在多年平均基准期30年(1981—2010年)内每年的极大值和次大值共60个样本组成。

极端强降水事件：某日降水量大于日降水量样本序列的第95百分位值。

极端高温事件：某日最高气温大于日最高气温样本序列的第95百分位值。

极端低温事件：某日最低气温小于日最低气温样本序列的第5百分位值，且该日最低气温≤4℃(寒潮标准)。

站次数：某观测站出现极端事件次数。

A2.2 北半球中高纬阻塞高压指数

对每个经度，南500 hPa高度梯度(GHGS)和北500 hPa高度梯度(GHGN)计算如下：

$$\mathrm{GHGS}=\frac{Z(\varphi_0)-Z(\varphi_s)}{\varphi_0-\varphi_s}$$

$$\mathrm{GHGN}=\frac{Z(\varphi_n)-Z(\varphi_0)}{\varphi_n-\varphi_0}$$

式中，$\varphi_n=80°\mathrm{N}+\delta$，$\varphi_0=60°\mathrm{N}+\delta$，$\varphi_S=40°\mathrm{N}+\delta$，$\delta=-5°,0°,5°$。

对某时某经度任意一个δ值，如果条件满足：

(1)GHGS >0

(2)GHGN <-10 gpm/纬度

则诊断为该时该经度有阻塞，阻塞指数为GHGS。当有两个以上的δ值同时满足(1)和(2)两个条件时，则取GHGS值大者为阻塞指数。因为阻高有一段持续的时间，在计算GHGS和GHGN之前，先对500 hPa高度场做5天的滑动平均，把有充分持续时间的阻高分离出来。

阻塞高压的定义和计算方法见参考文献(李威等，2007；Lejenas and Okland，1983；Tibaldi and Molteni，1990)。

A2.3 西北太平洋热带辐合带(ITCZ)强度指数

夏季120°～150°E，5°～20°N范围内OLR的平均值作为夏季西北太平洋ITCZ的强度指数(曹西等，2013)。

A2.4 马斯克林高压指数

35°～25°S，40°～90°E范围内的海平面气压(SLP)面积加权平均值。

A2.5 澳大利亚高压指数

35°～25°S，120°～150°E范围内的海平面气压(SLP)面积加权平均值。

A2.6 越赤道气流

索马里越赤道气流：5°S～5°N，40°～50°E 范围内 850 hPa 经向风的面积加权平均值。

孟加拉湾越赤道气流：5°S～5°N，80°～90°E 范围内 850 hPa 经向风的面积加权平均值。

南海越赤道气流：5°S～5°N，100°～110°E 范围内 850 hPa 经向风的面积加权平均值。

菲律宾越赤道气流：5°S～5°N，120°～130°E 范围内 850 hPa 经向风的面积加权平均值。

A2.7 南亚高压

选取青藏高原及其周围地区（0～55°N，0～180°E）上空 100 hPa 东西风零线上位势高度最大处为主高压中心，定义高压中心的位势高度（减去 1600 gpm）为强度指数。

A2.8 东亚副热带西风急流指数

选取 90°～180°E，10°～60°N 范围内 200 hPa 高度上风速≥30 m/s 格点（连续区域）为副热带西风急流区，以急流区内风速与 30 m/s 的差值为权重，按下式计算急流位置指数：

$$I_{Lon}=\frac{1}{\sum_{i=1}^{n}(V_i-30)}\sum_{i=1}^{n}\{(V_i-30)\times Lon_i\}\text{，当 }V_i\geqslant 30\text{ m/s}$$

$$I_{Lat}=\frac{1}{\sum_{i=1}^{n}(V_i-30)}\sum_{i=1}^{n}\{(V_i-30)\times Lat_i\}\text{，当 }V_i\geqslant 30\text{ m/s}$$

其中，I_{Lon}、I_{Lat} 分别急流经、纬度位置指数，V 为风速，*Lon* 和 *Lat* 分别为经度和纬度。

西风急流区累计风速（格点风速与 30 m/s 的差值）为副热带西风急流强度指数。

A2.9 北极涛动(AO)指数

北半球热带外（20°～90°N）1000 hPa 高度异常场（相对 1981—2010 年平均）经验正交函数分析（EOF）所得的第一模态的时间系数的标准化序列。

A2.10 南海季风监测指标

南海季风监测区选为：10°～20°N，110°～120°E。

南海夏季风起止时间的判定指标：以南海季风监测区内平均纬向风和假相当位温为监测指标，同时参考 200 hPa、850 hPa 和 500 hPa 位势高度场的演变。监测区内平均纬向风由东风稳定转为西风以及假相当位温稳定地＞340 K 的时间为南海夏季风爆发时间。

南海夏季风强度逐候变化：以南海季风监测区内平均纬向风逐候变化和同时段气候平均值比较，考察南海夏季风强度的逐候变化。

年南海夏季风强度指数：南海夏季风爆发到结束期间纬向风强度累积值的标准化距平值为当年南海夏季风强度指数（多年平均基准为 1981—2010 年）（朱艳峰，2005）。

A2.11 亚洲热带夏季风爆发指标

夏季风爆发与风向的转变、对流活动和强降水的发生是密不可分的，因此，这里综合考虑热力和动力因素，用850 hPa候平均的纬向风>0 m/s同时OLR满足≤230 W/m²，以及候平均降水>6 mm定义为亚洲热带夏季风爆发的临界值(柳艳菊等，2007)。

A2.12 东亚副热带夏季风监测指标

采用张庆云等(2003)定义，即：将东亚热带季风槽区(10°～20°N，100°～150°E)与东亚副热带地区(25°～35°N，100°～150°E)6—8月平均的850 hPa风场的纬向风距平差定义为东亚副热带夏季风指数(I_{EASM})：

$$I_{EASM} = U'_{850\ \mathrm{hPa}(10°\sim20°\mathrm{N},100°\sim150°\mathrm{E})} - U'_{850\ \mathrm{hPa}(25°\sim35°\mathrm{N},100°\sim150°\mathrm{E})}$$

利用该定义计算出逐年的东亚副热带夏季风指数，将东亚副热带夏季风指数≥2 m/s的年份定义为强夏季风年，≤－2 m/s的年份定义为弱夏季风年。

A2.13 东亚冬季风监测指标

取西伯利亚高压强度和东亚冬季风指数(朱艳峰，2008)为冬季风监测指标，其中前者代表冬季风在源地的强弱，后者是适用于描述中国大陆冬季气温变化的东亚冬季风指数。计算方法如下：

西伯利亚高压强度指数：选取西伯利亚高压气候平均位置(40°～60°N，80°～120°E)，计算该区域冬季平均海平面气压值，并进行标准化。

东亚冬季风指数：北半球冬季25°～35°N，80°～120°E区域与50°～60°N，80°～120°E区域平均500 hPa纬向风距平差的标准化数值。

A2.14 华南前汛期监测指标

(1)华南前汛期开始时间

确定华南前汛期开始时间的主要依据是区域内监测站(图A.1)的降水条件，具体方法如下：

①华南地区各省(区)前汛期开始条件：

广东、广西：3月1日起，某监测站出现日降水量≥38.0 mm(大到暴雨级别降水)降水，则认为该站前汛期开始，该日为该监测站前汛期开始日；全省(区)累计前汛期开始站点达到省(区)内监测站点的50%(或以上)，且达到标准的当日及前1日(48小时内)全省(区)共有10%以上站点的日降水量≥38.0 mm，则将该日作为本省(区)前汛期开始日期。

福建、海南：4月1日起，某监测站出现日降水量≥38.0 mm(大到暴雨级别降水)降水，则认为该站前汛期开始，该日为该监测站前汛期开始日；全省累计前汛期开始站点达到省(区)内监测站点的50%(或以上)，且达到标准的当日及前1日(48小时内)全省共有10%以上站点的日降水量≥38.0 mm，则将该日作为本省(区)前汛期开始日期。

②华南地区前汛期开始时间：

以广东、广西、福建、海南四省(区)中前汛期的最早开始日期作为华南前汛期开始日期。

(2)华南前汛期结束时间

确定华南前汛期结束时间的主要依据是：区域内大部分监测站的降水减弱或中断及西太平洋副热带高压位置等条件。具体方法如下：

①自 6 月 1 日起，华南地区连续 5 天区域平均（监测区 261 代表站平均）的日降水量 <7.0 mm。

②日降水量 ≥ 38.0 mm 的华南地区监测站点数连续 5 天少于总站数的 5%。

③连续 5 天西太平洋副热带高压脊线位置维持在 22°N 以北。

满足上述 3 个条件后，以华南区域平均的日降水量 <7.0 mm 的第一天作为前汛期中断日，如果有若干个中断日，则以最接近 6 月 30 日的中断日作为华南前汛期结束日。

（3）华南前汛期长度

华南前汛期开始日至结束日的总天数为华南前汛期长度。

（4）华南前汛期总降水量

华南监测站前汛期降水量的区域平均值为华南前汛期总降水量。

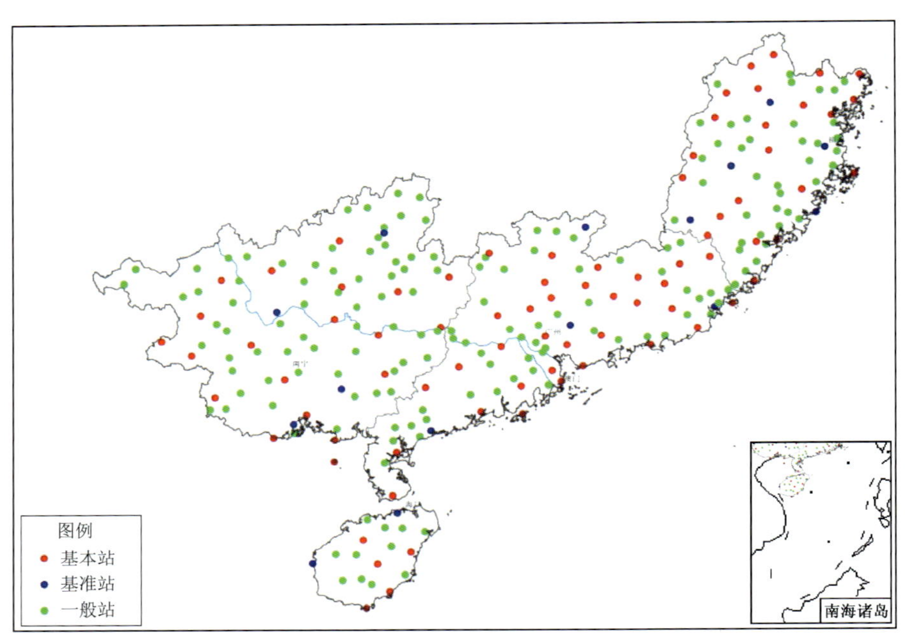

图 A.1　华南汛期监测站点空间分布示意图

A2.15　西南雨季监测指标

（1）单站雨季开始和结束日期的确定方法

鉴于西南区域气候差异较大，雨季开始和结束日期的监测主要采用单站标准进行监测，具体台站分布（图 A.2）和方法如下：

①雨季开始日期判别条件：

自 4 月 21 日开始，任意 5 天滑动累计雨量（R_5）大于等于 5—10 月候雨量气候平均（$\bar{R}_{5-10}/36$）为止，即：

$$K_b = [R_5/(\bar{R}_{5-10}/36)] \geq 1$$

式中，$\bar{R}_{5-10}$ 为 5—10 月降水量气候平均值。则：

ⓐ在 $K_b \geqslant 1$ 的 5 天中雨量最大的一天确定为雨季开始待定日期，在之后的 15 天内又出现 $K_b \geqslant 1$ 的情况，即将雨季开始待定日期确定为雨季开始日期，雨季开始日期所在的候为雨季开始候。

ⓑ如果在之后的 15 天之内再未出现 $K_b \geqslant 1$ 的情况，则重复ⓐ的步骤，重新确定雨季开始待定日期和雨季开始日期。

ⓒ如果计算得到的雨季开始日期是 4 月 21 日，则逐日向前按ⓐ步骤推算符合雨季开始日期条件的日期。

②雨季结束日期判别条件：

自 9 月 21 日开始，任意 5 天滑动累计雨量（R_5）大于等于 1—12 月候雨量气候平均（$\bar{R}_{1-12}/72$）为止，即：

$$K_e = [R_5/(\bar{R}_{1-12}/72)] \leqslant 1$$

式中，$\bar{R}_{1-12}$ 为年降水量气候平均值。则：

ⓐ在 $K_e \leqslant 1$ 的当天确定为雨季结束待定日期，在之后的 15 天内未再出现 $K_e \geqslant 1$ 的情况，即将雨季结束待定日期确定为雨季结束日期，雨季结束日期所在的候为雨季结束候。

ⓑ如果在之后的 15 天之内又出现 $K_e \geqslant 1$ 的情况，则重复ⓐ的步骤，重新确定雨季结束待定日期和雨季结束日期。

ⓒ如果计算得到的雨季结束日期是 9 月 21 日，则逐日向前按ⓐ步骤推算符合雨季结束日期条件的日期。

（注：气候平均通常取最新 3 个整年代的平均值，如：在 2011—2020 年期间取 1981—2010 年 30 年作为气候平均。）

（2）区域雨季开始和结束日期的确定方法

根据单站雨季开始和结束日期的确定方法，西南区域内监测站点有 60％达到雨季开始（结束）的日期，即为西南区域雨季开始（结束）的日期。

区域内某省（区、市）的监测站点 60％达到雨季开始（结束）的日期，即为该省（区、市）雨季开始（结束）的日期。

（3）雨季长度

西南区域雨季开始日期至结束日期的总天数为西南区域雨季长度。区域内某省（区、市）雨季开始日期至结束日期的总天数为该省（区、市）雨季长度。

（4）雨季总降水量

西南区域雨季开始日期至结束日期时段内，区域内监测站点总降水量的平均值为西南区域雨季总降水量。各省（区、市）雨季开始日期至结束日期时段内，各省（区、市）监测站总降水量的平均值为各省（区、市）雨季总降水量。

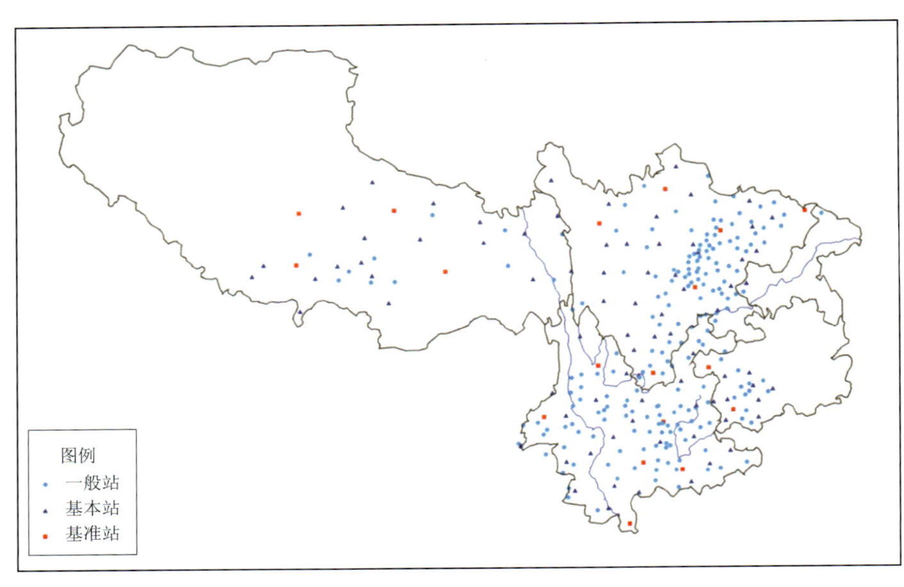

图 A.2　西南雨季监测区域及站点分布示意图

A2.16　江淮流域梅雨监测指标

按照气候类型将江淮流域梅雨监测区域分为江南区（Ⅰ）、长江中下游区（Ⅱ）、江淮区（Ⅲ）。各分区的梅雨监测区域代表站分别为：江南区 65 站、长江中下游区 157 站、江淮区 55 站（图 A.3）。

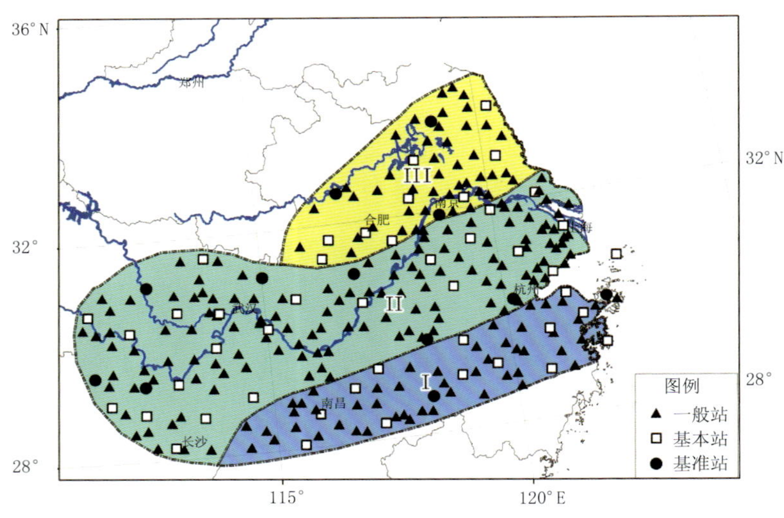

图 A.3　梅雨监测区域划分及监测站点空间分布

以区域内各监测站的降水为主要条件，以西太副高脊线位置、日平均温度、南海夏季风爆发时间等为辅助条件确定区域入（出）梅与梅雨期，具体方法是：

（1）监测指标

①区域雨日：某日监测区域中有 1/3 以上监测站出现≥0.1 mm 的降水，且区域内日平

均降水量≥2.0 mm。

②雨期开始日：从第1个雨日算起，往后2日、3日、……、10日中的雨日数占相应时段内总日数的比例≥50%，则第一个雨日为雨期开始日。

7月20日之后不再有新的雨期开端日。

③雨期结束日：从雨期的最后1个雨日算起，往前2日、3日、……、10日的雨日数占相应时段内总日数的比例≥50%，则最后一个雨日为雨期结束日。

对雨期异常长的情况，在雨期进入8月后第一个非雨日的前一天为雨期结束日；若此不能满足雨期结束日条件，则需要往前推算确定雨期结束日。雨期结束日应出现在立秋之前。

④雨期：一个雨期需满足以下条件：任何连续10日的雨日比例≥40%、雨日数≥6天且没有连续5天(含5天)以上的非雨日、站平均降水强度≥5 mm/d。一个雨期长度为该雨期的开始日到结束日所经历的日数。

⑤入梅日：第一个雨期的开始日即为入梅日，此时西太副高第一次北跳，副高脊线位于相应的南界和北界之间(表A.1)。梅雨最早开始于5月下旬，发生在高温高湿的环境中，日平均气温≥22℃。

表A.1 梅雨期西太副高脊线活动范围

区域选择	南界	北界
江南区	≥18°N	<25°N
长江中下游区	≥19°N	<26°N
江淮区	≥20°N	<27°N

⑥出梅日：最后一个雨期结束日的次日即为出梅日，此时西太副高第二次北跳，副高脊线位置超出北界范围。

⑦梅雨期：梅雨期内可以有一个以上的雨期，梅雨期长度为入梅日到出梅日前一天的累计日数。

⑧梅雨期副高脊线：梅雨期内，副高脊线5天滑动的位置需要满足以下条件(表A.1)。当副高脊线5天滑动的位置有1候超过北界位置2个纬度，且没有继续出现雨日，监测区域出现高温干热天气，该区域梅雨期结束。

⑨空梅：依据监测指标在6—7月间无法确定有效梅雨期，判定为空梅。

⑩二度梅：进入梅雨期后，第一个雨期确认结束，出现梅雨期中断，随后又出现持续性降水，且副高脊线位置能满足表1的判别条件，可以进入第二个雨期，即“二度梅”。

⑪区域梅雨期：江南区(Ⅰ)、长江中下游区(Ⅱ)和江淮区(Ⅲ)3个区域的梅雨期，分别依据其监测区域的入梅日、出梅日确定为该区域梅雨期的开始(结束)日。入梅日至出梅日前一天的累计日数即为区域的梅雨期长度。

⑫梅雨降水集中期：由多段雨期累计构成(不包括雨期间断)的时期称之为梅雨降水集中期。

⑬梅雨季节：将所划分的3个区域梅雨期最早开始的入梅日期作为江淮流域梅雨季节

的入梅日，以其中最晚的出梅日期作为梅雨季节的出梅日。出梅日前一天与入梅日的时间长度即为梅雨季节。

⑭梅雨季节平均降水量：梅雨季节内梅雨区域平均累计日降水量为江淮流域梅雨季节平均降水量。

(2)梅雨强度计算

①区域梅雨雨强：梅雨期内区域平均降水量，即区域内所有梅雨监测站的梅雨期总降水量的平均值为该区域梅雨雨强。其计算公式为：

$$P = \frac{1}{N}\sum_{j=1}^{N} P_j$$

式中：P 为某区域梅雨期的雨强；P_j 为该区域内第 j 站的梅雨期总降水量；N 为该区域内总站数。

②区域梅雨强度指数：区域梅雨强度指数(M)的计算公式为：

$$M = \frac{L}{L_0} + \frac{0.5(R/L)}{(R_0/L_0)} + \frac{R}{R_0} - 2.5$$

式中：M 为区域梅雨强度指数；L 为某一年梅雨期的长度(日数)；L_0 为历年梅雨期的平均长度(日数)；R 为某一年梅雨期内监测站总降水量；R_0 为历年梅雨期监测站总降水量的平均值。区域梅雨强度指数的等级划分见表 A.2。

表 A.2　区域梅雨强度指数的等级划分

等级	弱	偏弱	正常	偏强	强
M 界值	$M \leqslant -1.25$	$-1.25 < M \leqslant -0.375$	$-0.375 < M < 0.375$	$0.375 \leqslant M < 1.25$	$M \geqslant 1.25$

③梅雨雨强：以 3 个区域梅雨雨强的平均值为江淮流域梅雨雨强。

④梅雨强度指数：以 3 个区域梅雨强度指数的平均值为江淮流域梅雨强度指数。

A2.17　华北雨季监测指标

(1)单站判定方法

①单站雨季开始日的判定

自 7 月 1 日开始，当连续 5 天平均的西太副高脊线位于 25°N 以北时：

京津冀和山西：若此时监测区内某站连续 5 天的累计降水量≥35 mm(图 A.4)，且 5 天内至少有一天日降水量≥10 mm，则首个日降水量≥10 mm 的日期即为该站雨季开始日。

内蒙古中部：若此时监测区内某站连续 5 天的累计降水量≥25 mm，且 5 天内至少有一天日降水量≥10 mm，则首个日降水量≥10 mm 的日期即为该站雨季开始日。

②单站雨季结束日的判定

京津冀和山西：雨季开始后，若监测区内某站截至某日时，向前连续 10 天中逐日 5 天向前滑动累计降水量均＜35 mm，则将此日定为雨季结束日。

内蒙古中部：雨季开始后，若监测区内某站截至某日时，向前连续 10 天中逐日 5 天向前滑动累计降水量均＜25 mm，则将此日定为雨季结束日。

(2)区域判定方法

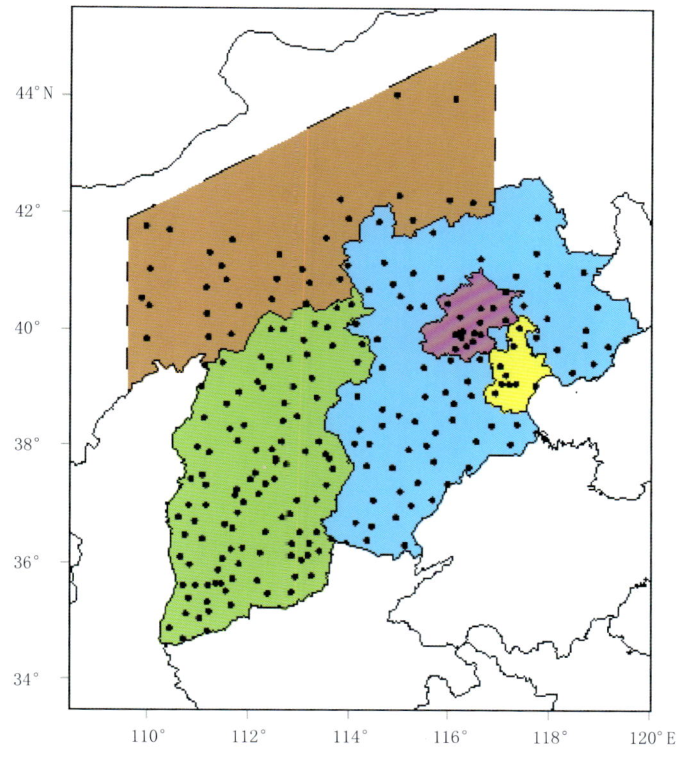

图 A.4 华北雨季监测区域及站点分布示意图

主要依据为区域内各监测站降水情况，具体为：

①京津冀、山西、内蒙古中部三个监测区雨季开始日：当某监测区内雨季已开始的累计站点比率达到或超过该区域相应开始比率阈值时（表 A.3），则将该日定为该监测区雨季开始日。

②京津冀、山西、内蒙古中部三个监测区雨季结束日：当某监测区内雨季已结束的累计站点比率达到或超过该区域相应结束比率阈值时（表 A.3），则将该日定为该监测区雨季结束日。

表 A.3 华北各区域雨季起讫的累计站点比率阈值

阈值	京津冀	山 西	内蒙古中部
开始日	70%	60%	60%
结束日	60%	60%	50%

（3）华北雨季起讫时间的确定

以京津冀、山西、内蒙古中部三个监测区域中，最早进入雨季的某区域雨季开始日作为华北雨季的开始日；上述三个监测区域中，最晚结束的某区域雨季结束日作为华北雨季的结束日。

（4）华北及各区域雨季强度

①雨季长度：雨季开始日至结束日的总天数为雨季长度。

②雨季降水量：雨季开始日至结束日时段内，监测区区域平均的累计降水量。

③雨季降水量标准化值

以雨季降水量标准化值(Z_p)表征某年雨季降水量的多少，其等级划分详见表 A.4。计算公式为：

$$Z_p=\frac{P_j-P_0}{S_p}\times 100\%$$

其中，Z_p 为雨季降水量标准化值；P_j 为某年雨季降水量，j 表示第 1，2，3…n 年，n 为样本长度；P_0 为雨季降水量的气候平均值；S_p 为雨季降水量的气候均方差（采用有偏估计，自由度为 n）。

（注：气候平均值和气候均方差分别取值为气候标准期 1981—2010 年的平均值和均方差。根据有关规定，气候标准期一般为最近 30 年平均，此标准期一般每 10 年进行一次变更，具体以业务规定为准）。

④雨季降水量等级：依据雨季降水量标准化值划分为 5 个等级（表 A.4）。

表 A.4　雨季降水量等级

降水量等级	等级评价	降水量标准化值 Z_p
一级	显著偏多	$Z_p\geqslant 1.5$
二级	偏多	$1.5>Z_p\geqslant 0.5$
三级	正常	$0.5>Z_p>-0.5$
四级	偏少	$-0.5\geqslant Z_p>-1.5$
五级	显著偏少	$-1.5\geqslant Z_p$

⑤雨季综合强度：由雨季的总降水量、平均降水量和雨季长度权重求和的大小确定，其等级划分详见表 A.5。

华北及各区域雨季综合强度指数(M)计算公式：

$$M=\frac{L}{L_0}+\frac{\frac{(R/L)}{(R/L)_0}}{2}+\frac{R}{R_0}-2.50$$

其中，L 为某年某区域雨季的长度（日数）；L_0 为某区域雨季的气候平均长度（日数）；R 为某年某区域雨季内监测站总降水量；R_0 为某区域雨季内监测站总降水量气候平均值；(R/L) 为某年某区域雨季内平均日降水强度；$(R/L)_0$ 为某区域雨季平均日降水强度的气候平均值。

根据计算得到的综合强度指数(M)来划分华北及各区域雨季强度等级（表 A.5）。

表 A.5　综合强度指数(M)的等级划分

强度等级	等级评价	M 指数
一级	强	$M\geqslant 1.25$
二级	偏强	$1.25>M\geqslant 0.375$
三级	正常	$0.375>M>-0.375$
四级	偏弱	$-0.375\geqslant M>-1.25$
五级	弱	$-1.25\geqslant M$

依据上述雨季降水量等级和雨季综合强度的计算方法，可以分别计算京津冀、内蒙古中部、山西和华北区域等省（区、市）的雨季强度。

（5）雨季的特殊情况

在某些特殊年份，由于华北地区降水稀少、降水时段不集中，使客观方法无法确定雨季开始（结束）日，或识别的雨季开始时间在8月中旬以后，结束时间在8月31日以后。在此情况下，雨季勘定时需要对其进行人工判别：

①雨季开始时间：某区域自7月上旬起到8月上旬，5日向前滑动平均西太副高脊线位于25°N以北，取逐日5天向前滑动平均降水量最大时段中，降水量首次超过其同期气候平均降水量的日期为雨季开始日。

②雨季结束时间：某区域自7月中下旬起到8月底，逐日5天向前滑动平均降水量最大时段中，降水量最后一次超过其同期气候平均降水量的日期为雨季结束日。

③空雨季：若某些特殊年份，客观识别方法及特殊年份识别方法均无法识别雨季开始时间，则定义该年度华北雨季为空雨季。

A2.18 华西秋雨监测指标

（1）多雨期

①秋雨日：自8月21日起，若某日监测区域内≥50%的台站（图A.5）日降水量≥0.1 mm，则为该区域的一个秋雨日，否则为一个非秋雨日。

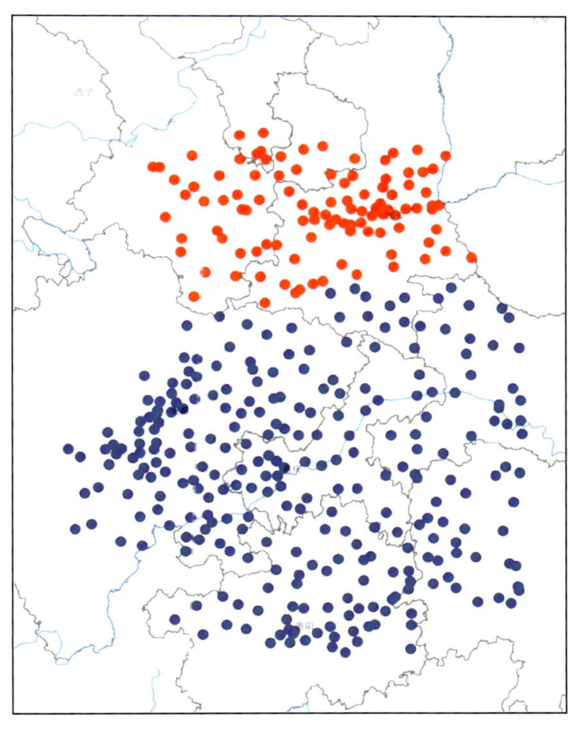

图A.5 华西秋雨监测区域及站点分布示意图

②多雨期：自8月21日起，若监测区域内连续出现5个秋雨日（第2～4天中可有一个非秋雨日），则多雨期开始，其第一个秋雨日为该多雨期开始日。此后若连续出现5个非秋雨日（第2～4天中可有一个秋雨日），则该多雨期结束，并将第一个非秋雨日定为该多雨期结束日。在华西秋雨期内，可以出现一个或多个多雨期。

(2)华西秋雨开始日

①南、北气候区和省级行政区华西秋雨开始时间：自8月21日起，若监测区域内的第一个多雨期出现，则该区域华西秋雨开始，并将第一个多雨期的开始日定为该区域华西秋雨开始日。

②华西秋雨开始时间：将南、北两区域中的秋雨最早开始日作为整个华西区域的秋雨开始日。

(3)华西秋雨结束日

①北区及其相关省级行政区的华西秋雨结束时间：秋雨开始后，监测区域内若直至10月31日再无多雨期出现，则秋雨结束，最后一个多雨期结束日为该区域华西秋雨结束日。

②南区及其相关省级行政区的华西秋雨结束时间：ⓐ11月1—20日，监测区域内若连续出现10个非秋雨日（第2～9天中可有两个秋雨日），则秋雨结束，最后一个多雨期的结束日为该区域的华西秋雨结束日。ⓑ若条件ⓐ不满足，监测持续到11月30日，直至再无多雨期出现，则秋雨结束，最后一个多雨期的结束日为该区域的华西秋雨结束日。

③华西秋雨结束时间：将南、北两区域中的秋雨最晚结束日作为整个华西区域的秋雨结束日。

A2.19 冷空气过程监测指标

(1)单站冷空气监测

依据单站降温幅度确定该站的冷空气等级，具体方法如下：

①24小时内降温幅度：某日06时以后24小时内的气温与某日气温之差。

②48小时内降温幅度：某日06时以后48小时内的气温与某日气温之差。

③72小时内降温幅度：某日06时以后72小时内的气温与某日气温之差。

④中等强度冷空气：使某地的气温48小时内降温幅度≥6℃但<8℃的冷空气。

⑤较强冷空气：使某地的气温48小时内降温幅度≥8℃，但未能使该地日最低气温下降到8℃或以下的冷空气。

⑥强冷空气：使某地的气温48小时内降温幅度≥8℃，而且使该地日最低气温下降到8℃或以下的冷空气。

⑦寒潮：使某地的气温24小时内降温幅度≥8℃，或48小时内降温幅度≥10℃，或72小时内降温幅度≥12℃，而且使该地日最低气温下降到4℃以下的冷空气（48小时、72小时内的气温必须是连续下降的）。

(2)冷空气过程判定

主要依据降温幅度大小、降温区域范围和降温持续时间来判定一次冷空气活动是否算作一次冷空气过程，具体方法如下：

①单日全国(全区)范围内≥8%的气象站出现中等及其以上强度的冷空气;

②一次冷空气过程至少持续2天;

③一次冷空气过程中全国(全区)范围内≥15%的气象站出现中等及其以上强度的冷空气。

④一次冷空气过程中,若逐日24小时降温幅度达6℃的站点在减少后出现增加,则判定出现增加的前一日过程结束。

同时满足以上4个条件判定出现了一次冷空气过程。

(3)冷空气过程开始时间

满足冷空气过程判定条件的首日为冷空气过程开始日。

(4)冷空气过程结束时间

冷空气过程开始后,将不满足冷空气过程判定标准的首日作为冷空气过程结束日;或依据冷空气过程判定条件④判定,24小时降温幅度达6℃的站数在减少后出现增加的首日为冷空气过程结束日。

(5)冷空气过程强度等级

全国型(全区型)寒潮:在一次冷空气过程中,全国(全区)范围内≥35%的气象站出现寒潮,且南、北方各有≥20%的气象站出现寒潮。

区域型寒潮:在该冷空气过程中,全国(全区)范围内≥15%的气象站出现寒潮。

全国型(全区型)强冷空气:在该冷空气过程中,全国(全区)范围内≥35%的气象站出现强及其以上等级冷空气,且南、北方各有≥20%的气象站出现强及其以上等级冷空气。

区域型强冷空气:在该冷空气过程中,全国(全区)范围内≥15%的气象站出现强及其以上等级冷空气。

全国型(全区型)较强冷空气:在该冷空气过程中,全国(全区)范围内≥35%的气象站出现较强及其以上等级冷空气,且南、北方各有≥15%的气象站出现较强及其以上等级冷空气。

区域型较强冷空气:若一次冷空气过程未达到全国型标准,在该冷空气过程中,全国(全区)范围内≥20%的气象站出现较强及其以上等级冷空气。

全国型(全区型)中等强度冷空气:在该冷空气过程中,全国(全区)范围内≥35%的气象站出现中等及其以上等级冷空气,且南、北方各有≥20%的气象站出现中等及其以上等级冷空气。

区域型中等强度冷空气:未达到上述标准的冷空气过程。

参考文献

曹西,陈光华,黄荣辉,等.2013.夏季西北太平洋热带辐合带的强度变化特征及其对热带气旋的影响.热带气象学报,**29**(2):198-206.

李威,王启祎,王小玲.2007.北半球阻塞高压实时监测诊断业务系统.气象,**33**(4):77-81.

柳艳菊,丁一汇.2007.亚洲夏季风爆发的基本气候特征分析.气象学报,**65**(4):511-526.

张庆云,陶诗言,陈烈庭.2003.东亚夏季风指数的年际变化与东亚大气环流.气象学报,**64**(4):559-568.

朱艳峰.2005.近55年南海夏季风爆发时间的确定及对2005年南海夏季风爆发早晚的预测.气候预测评论,**11**:62-68.

朱艳峰. 2008. 一个适用于描述中国大陆冬季气温变化的东亚冬季风指数. 气象学报, **66**(5):781-788.

Lejenas H, Okland H. 1983. Characteristics of Northern Hemisphere blocking as determined from a long time series of observational data. *Tellus*, **35A**: 350-362.

Reynolds R W, Rayner N, Smith T M, *et al*. 2002. An Improved In Situ and Satellite SST Analysis for Climate, *J. Climate*, **15**:1609-1625.

Tibaldi S, Molteni F. 1990. On the operational predictability of blocking. *Tellus*, **42A**:343-365.

附录 B　东亚季风系统及其气候特征

B1　东亚季风区

东亚季风区中，南海—西太平洋为热带季风区，冬季盛行东北季风，夏季盛行西南季风。东亚大陆—日本为副热带季风区，冬季 30°N 以北盛行西北季风，以南盛行东北季风；夏季盛行西南季风或东南季风。

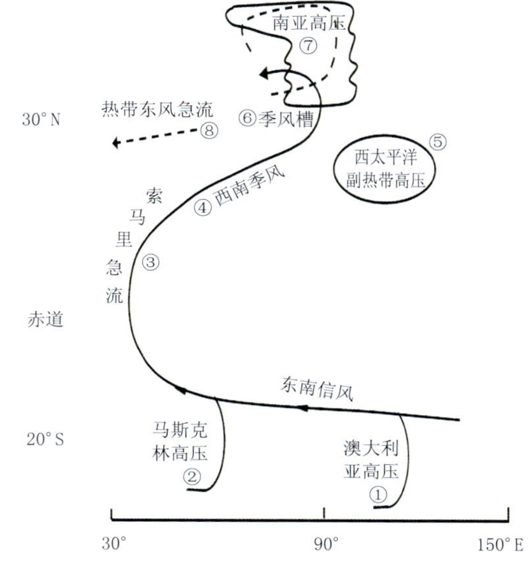

图 B.1　东亚夏季风环流系统成员示意图

B2　东亚夏季风环流系统成员

东亚夏季风环流系统成员主要包括，①低空成员：马斯克林高压、澳大利亚高压、索马里越赤道气流、季风槽（南海—西北太平洋 ITCZ）、西太平洋副热带高压。②高空成员：南亚高压（西藏高压）、热带东风急流（图 B.1）。

B3　东亚冬季风环流系统成员

东亚冬季风环流系统成员主要包括：①低空成员：西伯利亚高压、东亚向南的越赤道气流、印尼—北澳热带辐合带（ITCZ）。②高空成员：西太平洋副热带高压、向北越赤道气流（图 B.2）。

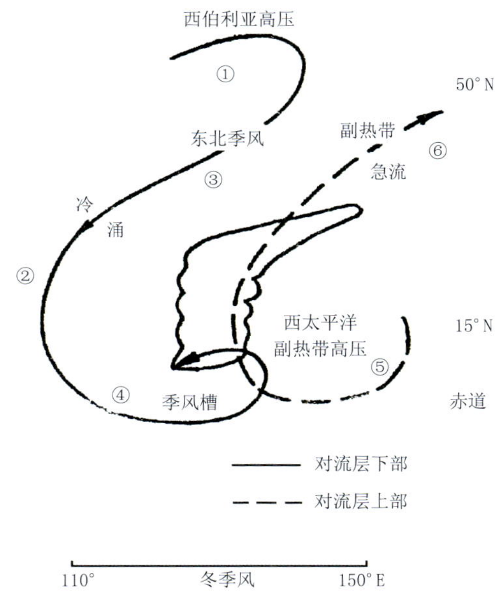

图 B.2　东亚冬季风环流系统成员示意图

B4 东亚季风环流系统气候特征

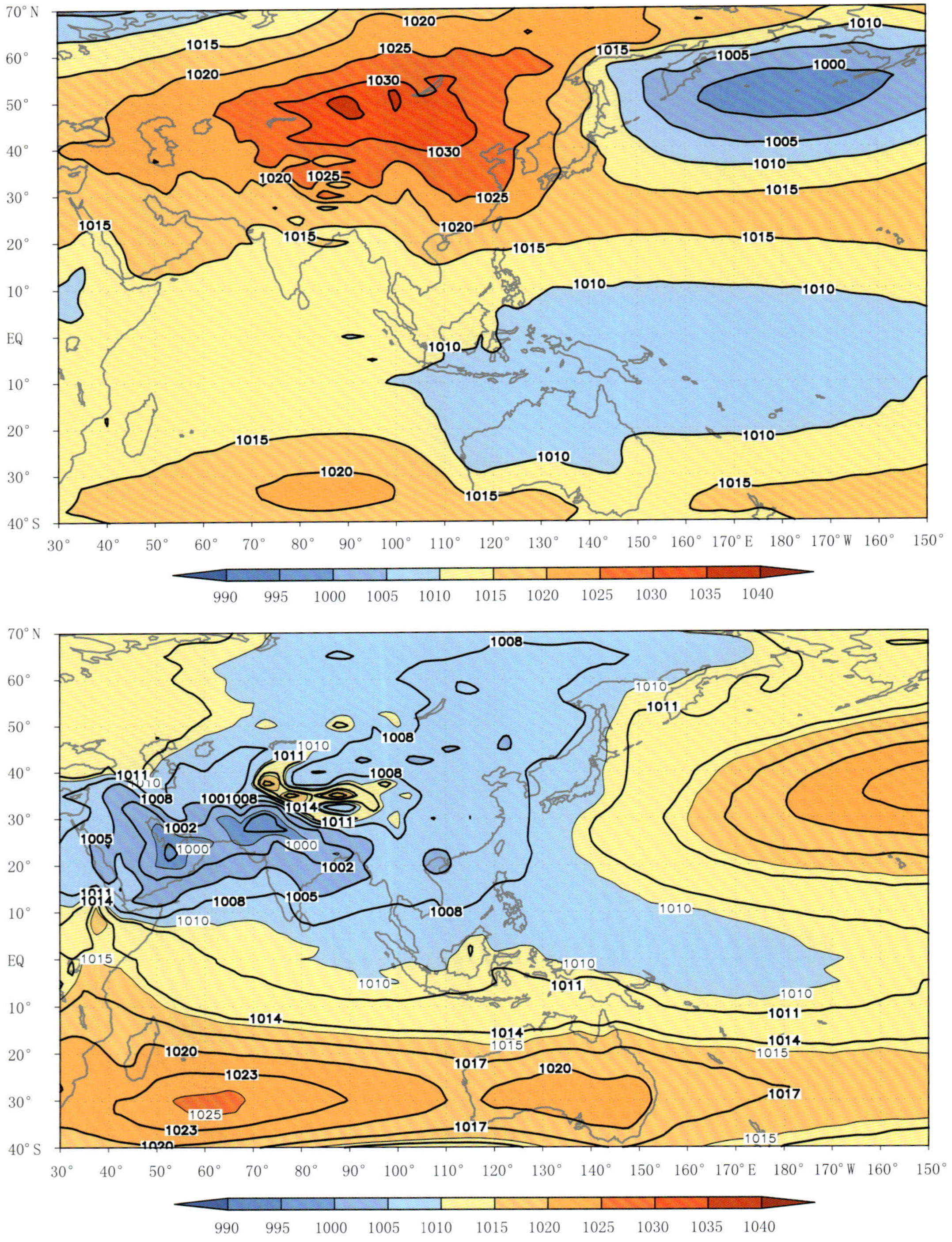

图 B.3 1981—2010 年平均冬季(上)及夏季(下)海平面气压场分布图(单位:hPa)

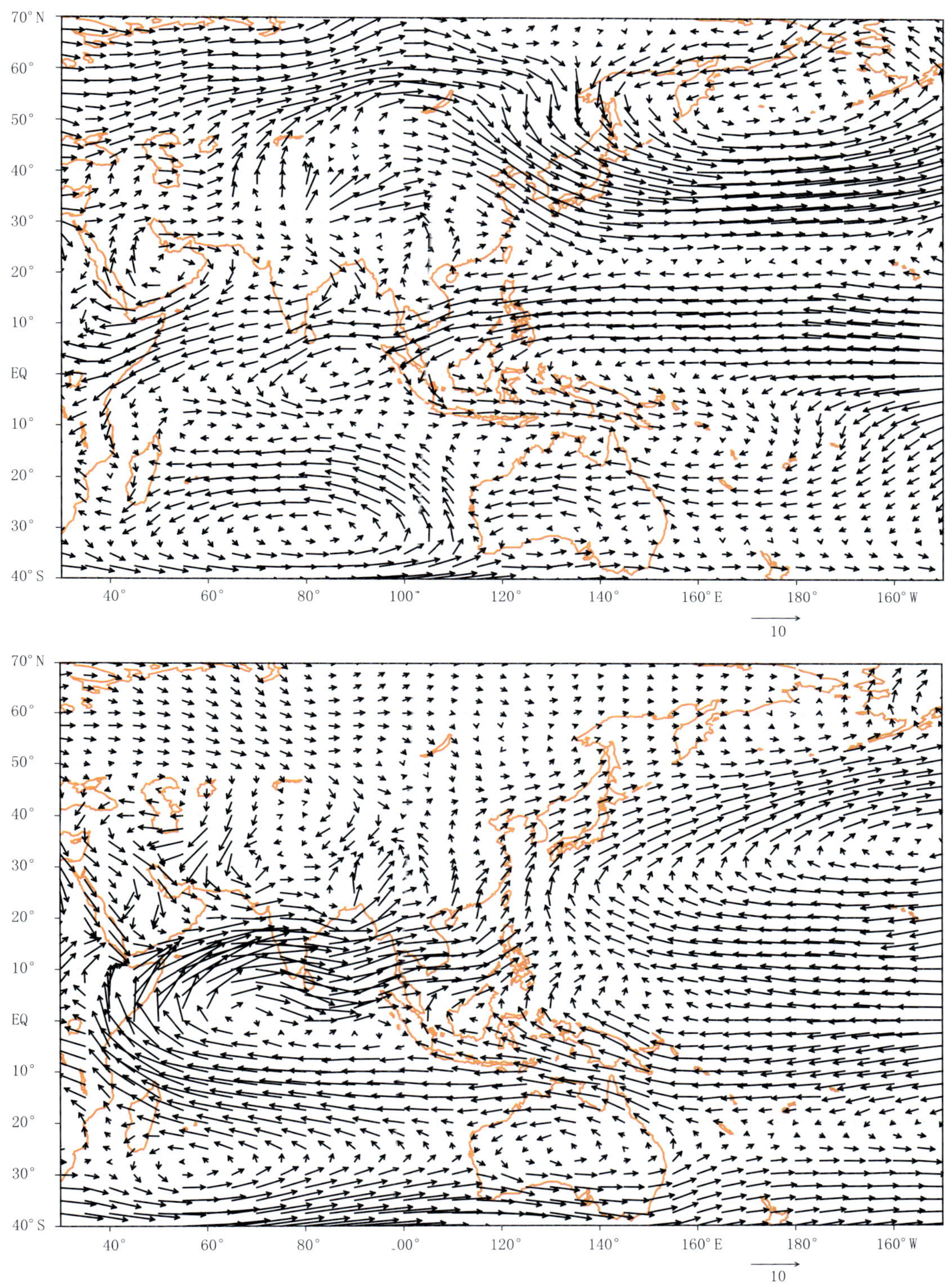

图 B.4 1981—2010 年平均冬季(上)及夏季(下)850 hPa 风场分布图(单位:m/s)

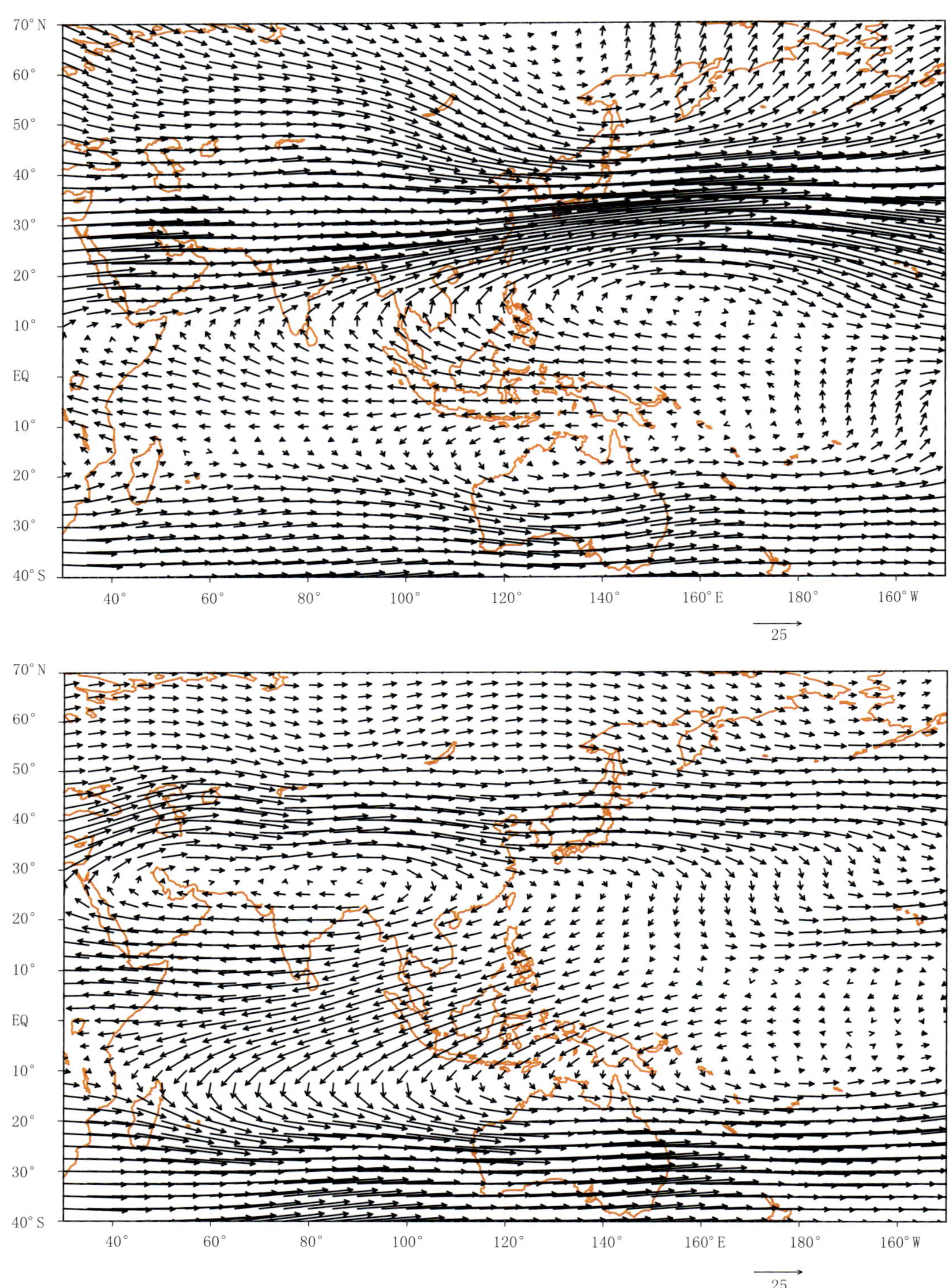

图 B.5 1981—2010 年平均冬季(上)及夏季(下)200 hPa 风场分布图(单位:m/s)

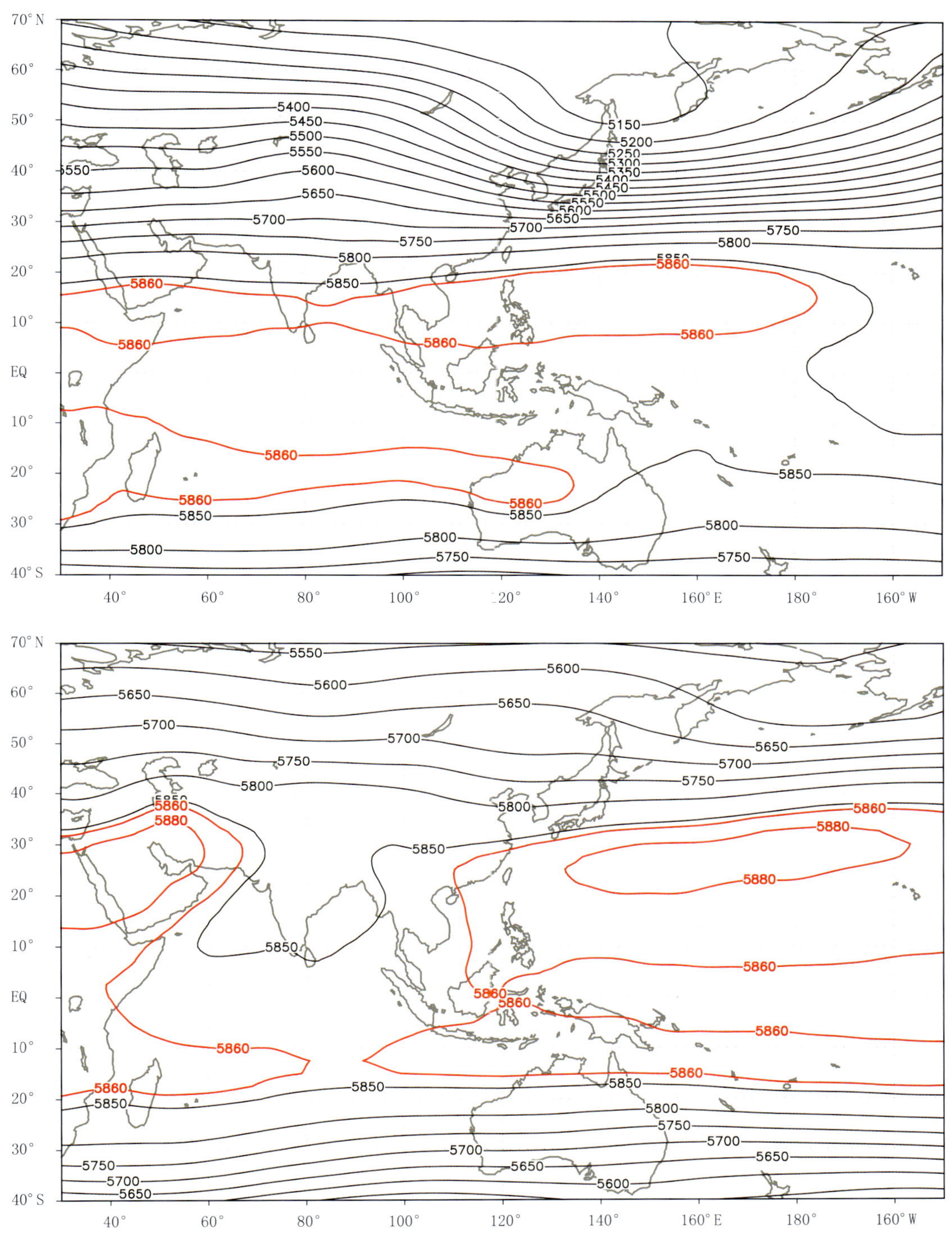

图 B.6 1981—2010 年平均冬季(上)及夏季(下)500 hPa 高度场(单位:gpm)分布图
(5860 gpm 和 5880 gpm 红色等值线,近似代表副热带高压主体位置)

附录 C　2015 年全球海温及海冰分布

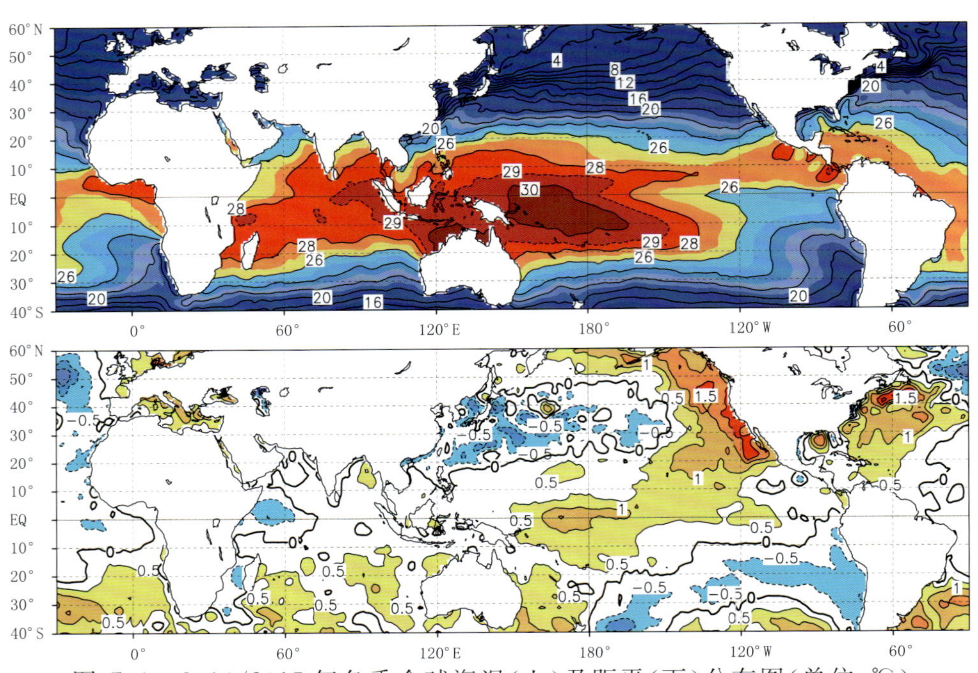

图 C.1　2014/2015 年冬季全球海温(上)及距平(下)分布图(单位:℃)

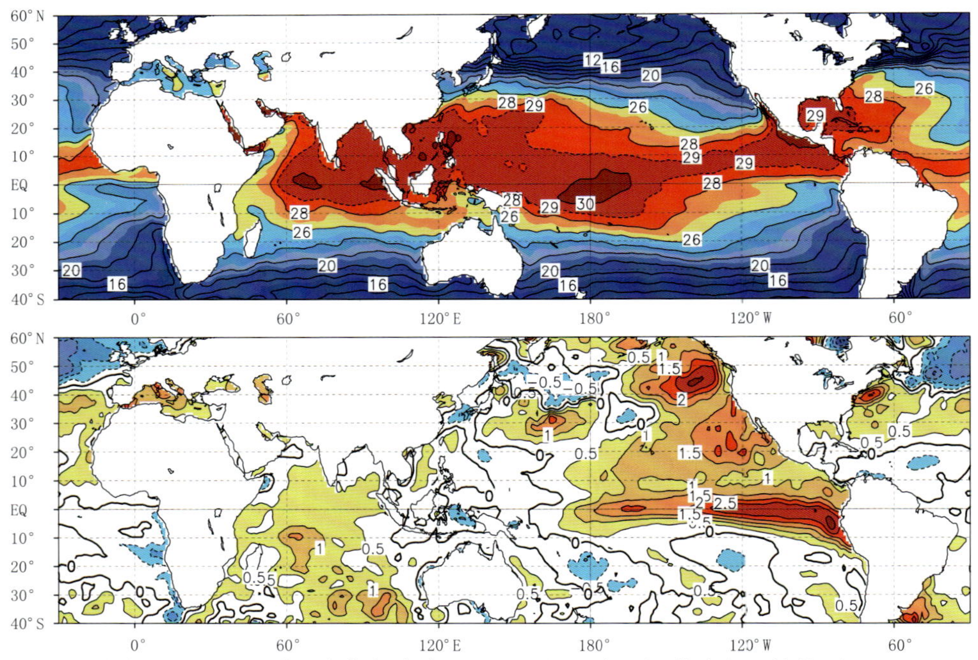

图 C.2　2015 年夏季全球海温(上)及距平(下)分布图(单位:℃)

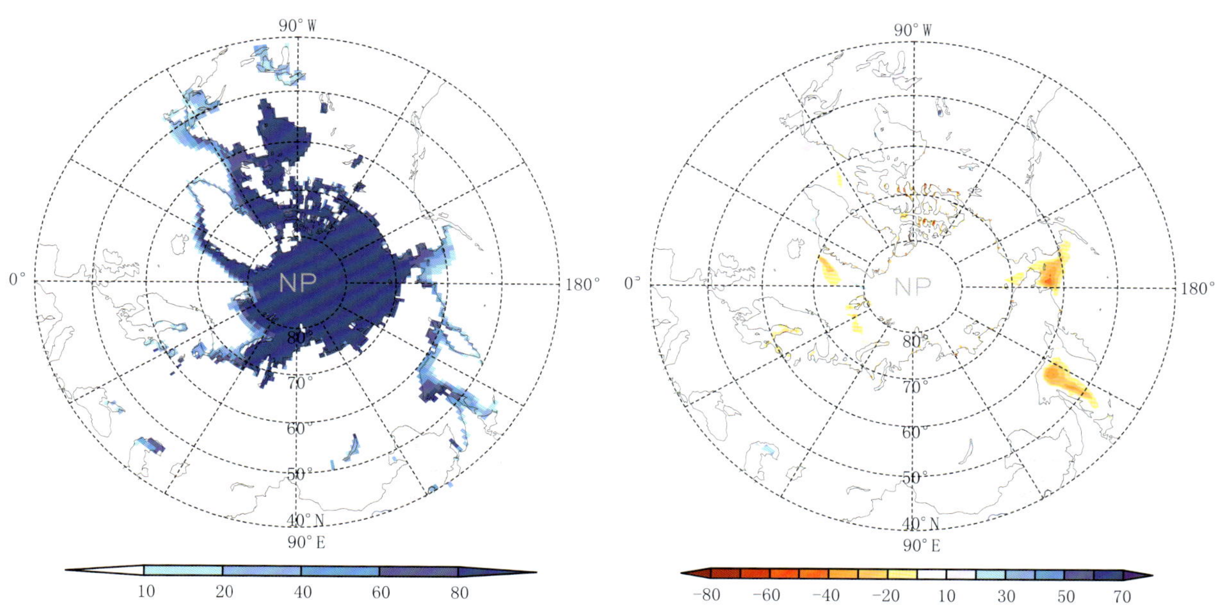

图 C.3 2014/2015 年冬季北半球海冰密集度(左)及距平(右)分布图(单位:%)

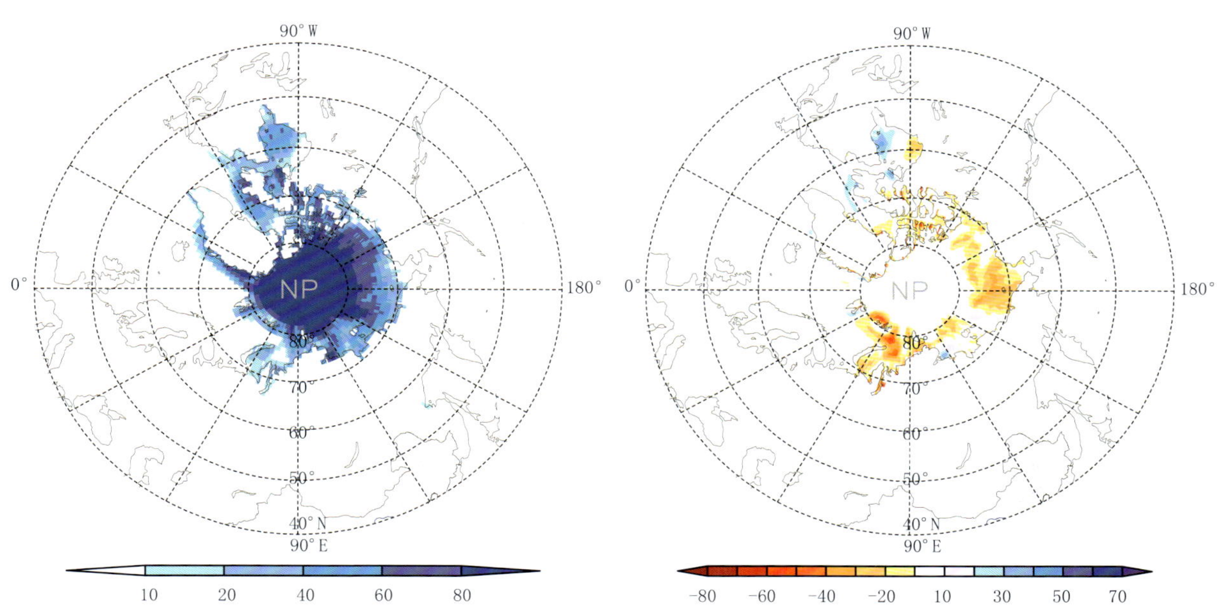

图 C.4 2015 年夏季北半球海冰密集度(左)及距平(右)分布图(单位:%)

附录 D　2015 年北半球积雪状况

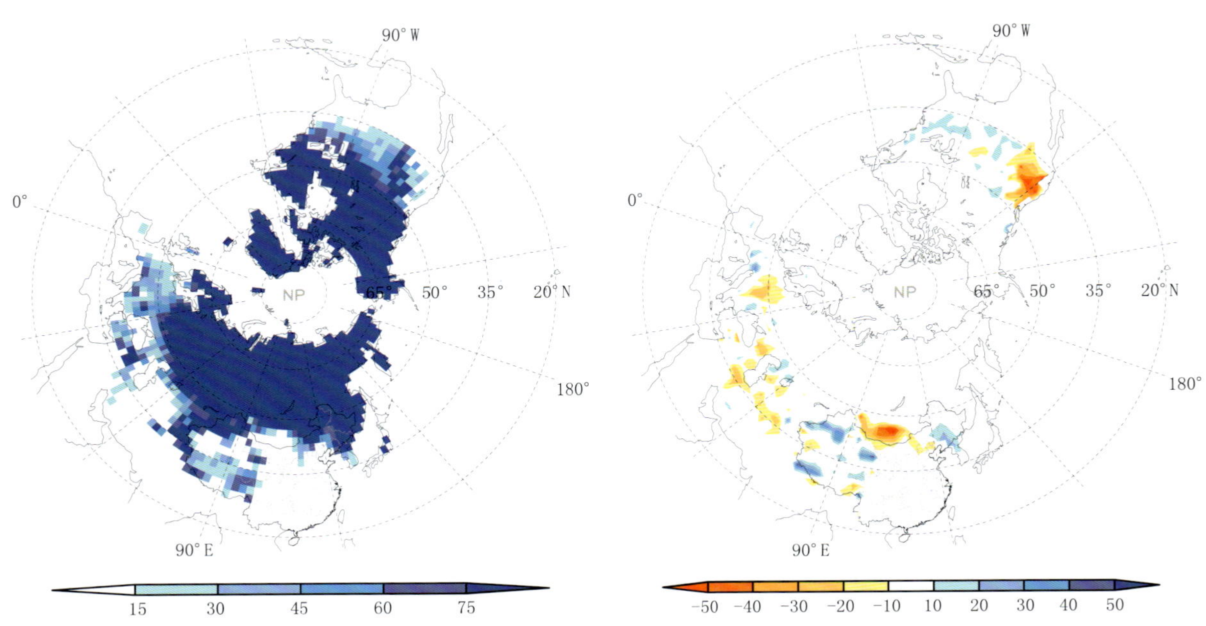

图 D.1　2014/2015 年冬季北半球积雪日数(左)及距平(右)分布图(单位:天)

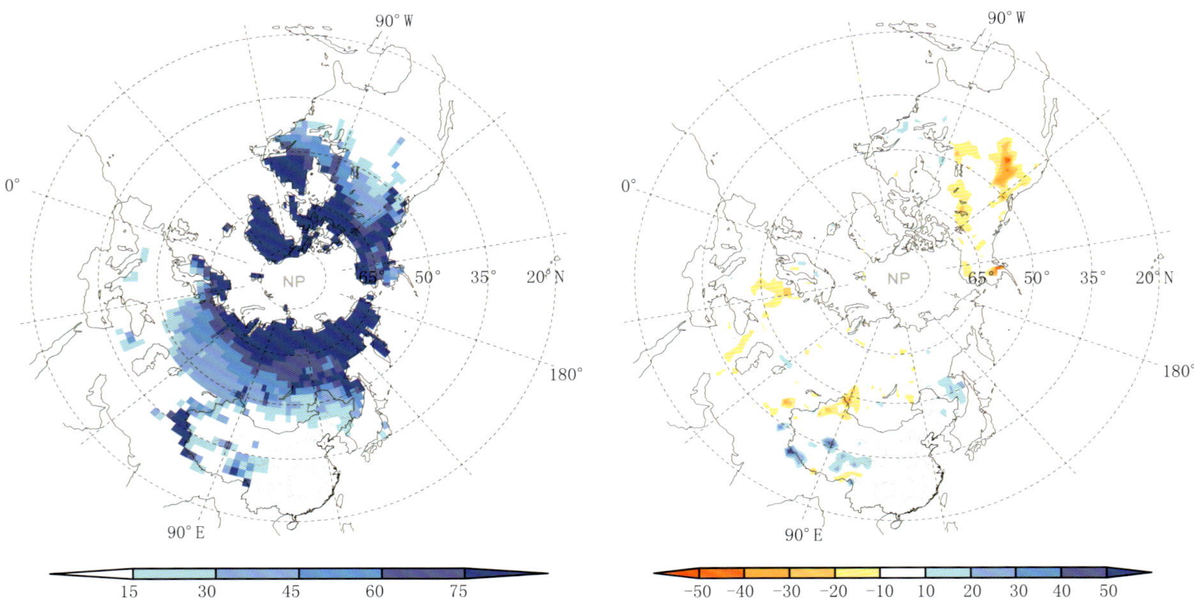

图 D.2　2015 年春季北半球积雪日数(左)及距平(右)分布图(单位:天)

附录 E　2014/2015 东亚冬季风季节预测联合会商回顾

东亚冬季风季节预测联合会商开始于 1998 年，由中国气象局、韩国气象局、日本气象厅轮流主办，2009 年蒙古气象水文和环境监测厅加入该会商，参与冬季风趋势预测会商及会商会的承办。该联合会商的主要目的在于加强东亚各个国家对东亚冬季风的科学认识和先进的预测技术交流，促进对东亚冬季风的理解，并对每年东亚冬季风的趋势进行会商讨论。本次东亚冬季风季节预测联合会商为“第二届东亚冬季气候展望论坛”（EASCOF-2）。本次论坛由日本气象厅承办，在日本首都东京召开。

2014/2015 年东亚冬季风预测的综合意见为：

（1）2014/2015 年冬季，赤道中东太平洋将处于弱厄尔尼诺或正常偏暖状态。

（2）对东亚冬季风预测较为一致，中国、日本和韩国气象局均预测 2014/2015 年冬季风较常年偏弱。

（3）各国的预测意见（图 E.1）分别为：

中国：新疆北部、内蒙古东部、东北气温较常年同期偏低，全国其余地区气温接近常年同期或偏高；新疆北部、内蒙古中东部、东北大部、江淮、江南东部、西藏南部部分地区降水较常年同期偏多，全国其余地区降水接近常年同期或偏少。

韩国：气温较常年同期偏高；降水接近常年同期。

日本：气温接近常年同期或偏高；降水接近常年同期或偏多。

蒙古：气温接近常年同期；降水较常年同期偏多。

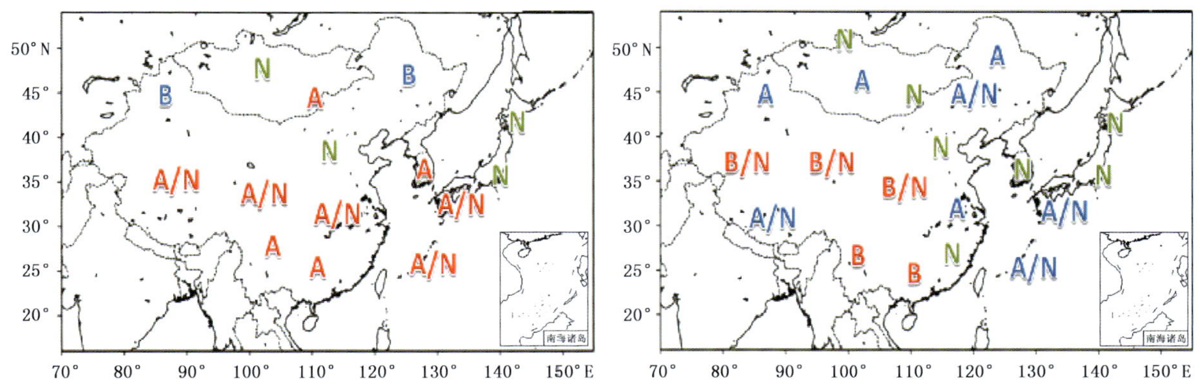

图 E.1　2014/2015 年冬季东亚地区气温（左）和降水（右）预测图
（A：偏高（多）；N：接近正常；B：偏低（少））

附录 F 2015 年亚洲区域气候监测、预测和评估论坛

亚洲区域气候监测、预测和评估论坛(FOCRAII)自 2005 年开始每年 4 月在北京组织召开。论坛由中国气象局和世界气象组织(WMO)共同主办,国家外国专家局和国家发展和改革委员会协办,国家气候中心承办。每年都有来自几十个国家和地区的近百位代表参加会议。

论坛充分体现了 WMO 区域气候中心的四项必备功能(长期预报业务/气候监测业务/资料服务/产品培训)。每年与会专家对当年的亚洲区域气候异常及其影响夏季东亚气候的主要系统进行深入分析和探讨,并对夏季亚洲区域气候趋势进行了预测会商,形成当年夏季亚洲区域降水、温度分布趋势的综合预测意见,上报 WMO 有关机构。

在中国气象局领导和 WMO 的大力支持下,北京气候中心(BCC)已经连续十一届成功举办了亚洲区域气候论坛,该论坛目前在国际上已经享有较高的声誉,对促进亚洲地区气候业务、服务和科研起到了积极作用。论坛不仅对提高亚洲地区季节预测水平,加强地区间的科研和业务合作做出了重要贡献,而且使得 BCC 在世界气候领域的地位有了进一步提升。为向二区协各国提供更加优质的气候服务,搭建了一个相互学习、共同交流季节预测技术的平台。

2015 年夏季会商综合意见,基于动力模式、解释应用等客观方法以及诊断分析得出以下预测结论:

(1)预计印度夏季风和东亚夏季风较常年同期偏弱。

(2)降水较常年同期偏多的地区主要位于中国的东北、西北、江淮、江南、西南,日本北部和菲律宾中部。降水接近常年同期的地区主要有蒙古大部,韩国,日本南部,泰国,菲律宾北部和南部。降水较常年同期偏少的地区主要在中国华北、华南沿海,朝鲜,哈萨克斯坦和蒙古西部等地(图 F.1)。

(3)除朝鲜气温接近常年或偏低外,亚洲其余大部地区气温接近常年或偏高(图 F.2)。

(4)在中国南海和西北太平洋地区生成的热带气旋(中心风力≥8 级)个数将较常年同期偏少。热带气旋的活动在夏季前期较为活跃,后期将有所减弱。

图 F.1　2015 年夏季降水预测图

（A：偏多；N：接近正常；B：偏少）

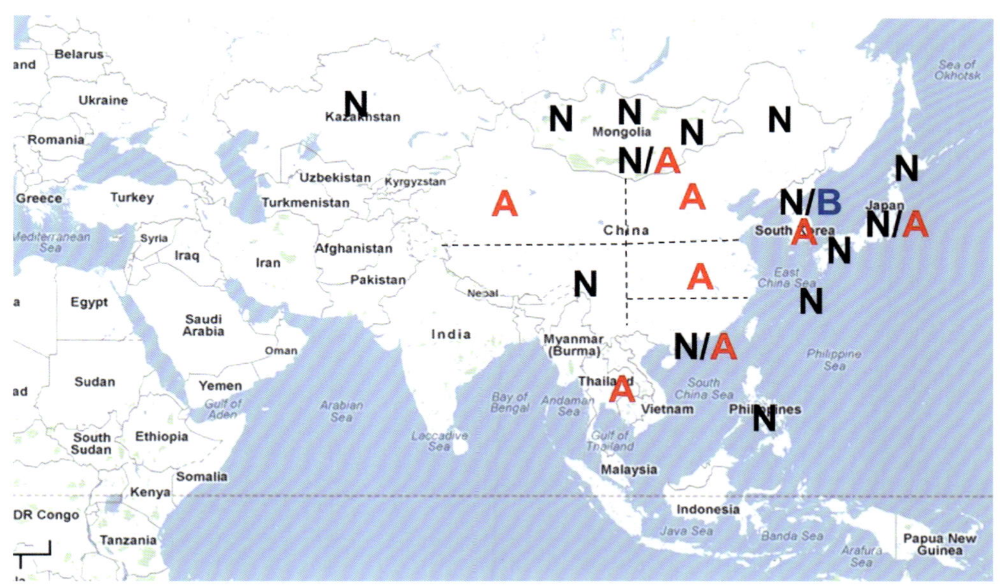

图 F.2　2015 年夏季气温预测图

（A：偏高；N：接近正常；B：偏低）

附录 G　东亚冬季风指数

表 G.1　东亚冬季风指数历年信息表

年份	东亚冬季风强度指数	西伯利亚高压强度指数
1951/1952	0.96	0.86
1952/1953	0.64	2.54
1953/1954	−0.31	0.23
1954/1955	2.46	3.70
1955/1956	1.13	1.00
1956/1957	2.03	4.04
1957/1958	0.12	0.32
1958/1959	−0.55	0.40
1959/1960	−0.85	1.13
1960/1961	0.76	1.45
1961/1962	0.20	1.28
1962/1963	−0.40	0.73
1963/1964	0.84	2.74
1964/1965	−0.64	1.23
1965/1966	−0.74	0.49
1966/1967	1.48	1.67
1967/1968	2.91	0.29
1968/1969	1.44	−0.34
1969/1970	1.18	−0.77
1970/1971	0.35	−1.61
1971/1972	0.09	−1.87
1972/1973	0.23	−2.54
1973/1974	0.71	−0.78
1974/1975	1.71	−0.67
1975/1976	0.09	−1.19
1976/1977	1.39	1.66
1977/1978	−0.57	−0.19
1978/1979	−2.50	−2.46

续表

年份	东亚冬季风强度指数	西伯利亚高压强度指数
1979/1980	0.45	0.33
1980/1981	1.12	0.84
1981/1982	−0.41	−0.05
1982/1983	0.20	−0.20
1983/1984	2.66	1.81
1984/1985	1.05	0.63
1985/1986	0.67	1.33
1986/1987	−1.74	−0.88
1987/1988	0.10	0.22
1988/1989	0.09	−0.91
1989/1990	−1.28	−0.85
1990/1991	−0.18	−0.49
1991/1992	−1.03	−1.02
1992/1993	−0.73	−0.85
1993/1994	−0.52	−0.71
1994/1995	0.47	0.51
1995/1996	−0.13	1.33
1996/1997	−1.52	−1.75
1997/1998	−0.71	−0.84
1998/1999	−0.09	−0.34
1999/2000	0.62	1.14
2000/2001	0.16	−0.97
2001/2002	−0.83	0.04
2002/2003	−1.11	−0.29
2003/2004	−0.21	−0.59
2004/2005	1.83	1.46
2005/2006	0.87	1.94
2006/2007	−1.30	−1.38
2007/2008	1.36	1.49
2008/2009	0.05	−0.61
2009/2010	0.69	0.02
2010/2011	1.00	0.81
2011/2012	2.96	2.52
2012/2013	0.83	0.03
2013/2014	−0.56	−0.40
2014/2015	−0.22	−0.58

附录 H　东亚夏季风指数

表 H.1　东亚夏季风指数历年信息表

年份	南海夏季风			东亚副热带夏季风
	爆发候	结束候	强度	强度
1951	26	54	0.29	3.26
1952	29	54	0.93	2.85
1953	29	56	0.46	4.06
1954	31	55	−0.57	4.18
1955	29	53	−1.80	3.79
1956	31	54	−0.70	3.62
1957	27	54	0.34	5.21
1958	29	54	0.25	4.81
1959	30	53	−0.44	4.70
1960	30	54	0.02	7.46
1961	28	56	2.00	7.33
1962	28	51	0.03	5.02
1963	31	53	0.50	6.87
1964	28	54	−0.29	4.54
1965	29	55	0.52	1.67
1966	25	54	−0.14	2.82
1967	29	55	1.35	0.98
1968	29	56	0.34	0.59
1969	28	56	−0.37	1.35
1970	32	54	−0.64	1.36
1971	31	52	−0.82	0.94
1972	26	53	1.18	2.01
1973	32	51	−0.69	1.82
1974	30	52	0.22	0.58
1975	29	55	−0.48	2.33
1976	28	55	0.78	0.75
1977	28	54	0.49	0.08
1978	29	58	0.77	−0.04
1979	27	55	−0.06	−1.05
1980	28	53	−0.80	−1.42

续表

年份	南海夏季风			东亚副热带夏季风
	爆发候	结束候	强度	强度
1981	30	56	0.15	0.89
1982	31	54	0.83	−0.08
1983	29	55	−1.44	−0.79
1984	28	50	0.00	0.02
1985	30	53	0.93	0.08
1986	27	53	0.84	−1.41
1987	32	52	−0.49	−0.53
1988	29	57	−1.18	0.70
1989	32	53	−0.50	−0.07
1990	28	53	1.04	−0.23
1991	32	55	0.65	−2.09
1992	28	54	−0.22	−0.63
1993	30	57	−0.47	−0.24
1994	25	54	1.09	−0.17
1995	27	54	−1.43	−0.51
1996	26	55	−1.26	−0.85
1997	28	55	0.60	−1.03
1998	28	53	−1.94	1.07
1999	30	54	0.63	−0.08
2000	27	52	0.40	−0.05
2001	26	55	1.05	−2.04
2002	27	53	1.59	−0.99
2003	29	52	−0.12	0.06
2004	28	52	0.55	−2.02
2005	30	54	0.27	−0.25
2006	28	56	0.66	0.69
2007	29	57	−0.36	−1.82
2008	25	56	−0.47	0.13
2009	30	57	1.12	0.33
2010	29	59	−2.53	0.92
2011	26	57	−1.08	−0.10
2012	28	56	−0.47	1.20
2013	27	58	−1.29	0.50
2014	32	54	−0.29	−0.20
2015	29	56	−0.87	0.06

附录 I　中国雨季历年信息表

表 I.1　华南前汛期历年信息表

年份	开始时间	结束时间	总雨量(mm)
1961	4 月 6 日	7 月 4 日	733.2
1962	4 月 17 日	7 月 3 日	747.4
1963	6 月 1 日	7 月 5 日	302.3
1964	4 月 4 日	7 月 5 日	682.5
1965	4 月 6 日	6 月 30 日	758.8
1966	4 月 4 日	7 月 28 日	971.8
1967	4 月 1 日	7 月 15 日	651.4
1968	3 月 25 日	7 月 11 日	959.6
1969	4 月 14 日	6 月 28 日	542.4
1970	4 月 12 日	7 月 18 日	762.2
1971	4 月 27 日	6 月 30 日	573.0
1972	4 月 22 日	6 月 29 日	618.4
1973	4 月 2 日	7 月 27 日	1163.8
1974	4 月 8 日	7 月 25 日	890.5
1975	3 月 7 日	7 月 1 日	909.6
1976	4 月 13 日	6 月 20 日	543.3
1977	5 月 9 日	6 月 28 日	514.4
1978	4 月 10 日	6 月 29 日	712.4
1979	4 月 2 日	6 月 22 日	614.8
1980	4 月 9 日	6 月 30 日	646.9
1981	3 月 27 日	7 月 9 日	839.0
1982	4 月 2 日	7 月 8 日	744.1
1983	3 月 1 日	7 月 8 日	929.1
1984	4 月 3 日	6 月 28 日	729.9
1985	3 月 28 日	7 月 10 日	636.9

续表

年份	开始时间	结束时间	总雨量(mm)
1986	4月17日	7月14日	793.6
1987	3月16日	7月2日	802.3
1988	4月12日	7月1日	513.5
1989	4月4日	7月3日	675.5
1990	3月27日	7月4日	732.8
1991	5月1日	6月28日	428.8
1992	3月26日	7月15日	967.3
1993	4月18日	7月22日	911.6
1994	4月24日	6月28日	641.4
1995	4月19日	7月6日	563.6
1996	3月28日	7月1日	683.1
1997	3月29日	7月27日	1067.3
1998	4月12日	7月26日	961.6
1999	4月19日	6月25日	516.2
2000	4月3日	6月26日	671.5
2001	4月4日	6月15日	654.9
2002	3月24日	7月11日	718.1
2003	4月13日	6月29日	568.7
2004	4月7日	7月31日	751.2
2005	4月25日	7月2日	773.0
2006	4月10日	6月20日	703.1
2007	4月17日	7月6日	653.1
2008	4月19日	7月1日	758.8
2009	3月6日	7月7日	771.9
2010	4月8日	7月5日	793.8
2011	5月3日	7月1日	470.6
2012	4月8日	7月1日	752.8
2013	3月28日	7月4日	778.6
2014	3月30日	7月9日	846.8
2015	5月5日	6月25日	517.8

表 I.2 西南雨季历年信息表

年份	开始时间	结束时间	总雨量(mm)
1961	5 月 25 日	10 月 26 日	903.3
1962	5 月 25 日	10 月 10 日	767.5
1963	6 月 8 日	10 月 30 日	763.7
1964	5 月 4 日	10 月 12 日	871.9
1965	5 月 27 日	11 月 5 日	869.5
1966	5 月 24 日	10 月 21 日	937.7
1967	5 月 31 日	10 月 22 日	743.9
1968	5 月 27 日	10 月 16 日	830.5
1969	6 月 5 日	10 月 15 日	714.7
1970	5 月 16 日	10 月 14 日	772.4
1971	5 月 27 日	10 月 12 日	801.4
1972	5 月 20 日	10 月 10 日	638.1
1973	5 月 14 日	10 月 5 日	816.3
1974	5 月 22 日	10 月 8 日	847.9
1975	5 月 27 日	10 月 14 日	724.2
1976	5 月 25 日	10 月 22 日	761.6
1977	6 月 18 日	10 月 19 日	646.9
1978	5 月 13 日	10 月 15 日	805.0
1979	6 月 10 日	10 月 14 日	756.4
1980	5 月 22 日	10 月 27 日	791.8
1981	5 月 19 日	10 月 4 日	800.5
1982	6 月 6 日	10 月 17 日	675.7
1983	6 月 3 日	10 月 21 日	752.0
1984	5 月 19 日	10 月 2 日	778.5
1985	5 月 20 日	10 月 3 日	825.3
1986	6 月 10 日	10 月 17 日	734.2
1987	6 月 6 日	10 月 12 日	720.5
1988	5 月 30 日	10 月 11 日	729.2

续表

年份	开始时间	结束时间	总雨量(mm)
1989	5 月 30 日	10 月 22 日	699.1
1990	5 月 15 日	10 月 15 日	844.1
1991	6 月 4 日	10 月 19 日	769.5
1992	5 月 23 日	10 月 27 日	691.4
1993	5 月 30 日	10 月 21 日	748.9
1994	6 月 2 日	10 月 14 日	694.3
1995	5 月 31 日	10 月 14 日	795.1
1996	5 月 27 日	10 月 12 日	691.9
1997	6 月 8 日	10 月 13 日	689.1
1998	5 月 24 日	10 月 5 日	793.8
1999	5 月 20 日	10 月 15 日	830.6
2000	5 月 27 日	10 月 15 日	733.7
2001	5 月 13 日	10 月 23 日	881.0
2002	5 月 11 日	10 月 10 日	745.7
2003	5 月 20 日	10 月 4 日	690.9
2004	5 月 17 日	10 月 11 日	723.7
2005	6 月 2 日	10 月 12 日	699.0
2006	5 月 13 日	10 月 17 日	679.0
2007	5 月 16 日	10 月 10 日	765.4
2008	5 月 13 日	10 月 12 日	782.1
2009	6 月 1 日	10 月 9 日	625.5
2010	5 月 30 日	10 月 22 日	756.4
2011	5 月 30 日	10 月 8 日	562.1
2012	5 月 29 日	10 月 11 日	741.4
2013	5 月 15 日	10 月 21 日	778.4
2014	6 月 5 日	10 月 10 日	716.5
2015	6 月 9 日	10 月 15 日	671.0

表 I.3 江南梅雨(Ⅰ型)历年信息表

年份	入梅日	出梅日	梅雨季雨量(mm)	梅雨季长度(d)	梅雨强度
1951	6月23日	6月29日	124.8	6	−1.1
1952	6月13日	7月26日	356.5	43	0.0
1953	5月30日	7月7日	346.8	38	−0.5
1954	6月5日	8月1日	847.5	57	2.2
1955	6月14日	6月24日	345.4	10	0.1
1956	6月10日	6月20日	118.9	10	−1.4
1957	6月16日	7月1日	140.3	15	−1.2
1958	6月21日	6月27日	51.1	6	−1.8
1959	6月1日	7月8日	324.9	37	0.1
1960	6月7日	6月25日	193.8	18	−0.9
1961	5月30日	6月16日	232.4	17	−0.7
1962	6月11日	7月4日	380.2	23	0.0
1963	6月13日	6月29日	151.9	16	−1.1
1964	6月17日	6月29日	115.5	12	−1.4
1965	6月9日	6月20日	105.5	11	−1.4
1966	6月12日	7月14日	424.1	32	0.3
1967	6月15日	7月11日	325.4	26	−0.3
1968	6月21日	7月13日	310.6	22	−0.3
1969	6月5日	7月14日	482.5	39	0.5
1970	6月5日	7月21日	493.5	46	0.8
1971	5月26日	6月24日	404.6	29	0.1
1972	5月29日	7月3日	218.9	35	−0.5
1973	5月28日	7月13日	598.9	46	1.0
1974	6月10日	7月21日	418.1	41	0.4
1975	6月17日	7月17日	270.9	30	−0.3
1976	6月1日	7月15日	502.4	44	0.9
1977	6月8日	7月2日	337.1	24	−0.2
1978	6月9日	6月24日	140.3	15	−1.2
1979	6月19日	7月24日	252.6	35	−0.7
1980	6月6日	7月20日	298.6	44	−0.1
[1981]	[7月10日]	[7月14日]	[36.3]	[4]	[−1.9]
1982	6月11日	6月23日	224.1	12	−0.7
1983	6月9日	7月19日	537.1	40	1.0
1984	6月7日	7月6日	275.9	29	−0.3

续表

年份	入梅日	出梅日	梅雨季雨量(mm)	梅雨季长度(d)	梅雨强度
1985	6月4日	7月6日	234.7	32	−0.7
1986	6月11日	7月9日	268.4	28	−0.4
1987	6月19日	8月1日	318.6	43	0.2
1988	6月11日	6月23日	277.5	12	−0.4
1989	6月4日	7月5日	444.8	31	0.4
1990	5月29日	7月4日	348.5	36	0.1
1991	6月5日	6月22日	137.5	17	−1.2
1992	6月13日	7月14日	442.0	31	0.4
1993	6月12日	7月10日	555.4	28	0.8
1994	6月8日	6月24日	461.6	16	0.5
1995	5月25日	7月7日	725.7	43	1.7
1996	5月30日	7月20日	392.7	51	0.7
1997	6月20日	7月15日	400.5	25	0.1
1998	6月8日	8月2日	783.8	55	1.7
1999	6月7日	7月31日	579.9	54	1.5
2000	5月29日	6月25日	413.8	27	0.2
2001	6月2日	6月28日	302.4	26	−0.3
2002	6月10日	7月9日	309.1	29	−0.2
2003	6月24日	6月30日	211.7	6	−0.3
2004	6月15日	6月28日	107.0	13	−1.4
[2005]	[7月11日]	[7月15日]	[41.7]	[4]	[−1.8]
2006	5月31日	7月18日	384.0	48	−0.3
2007	6月10日	7月18日	220.6	38	−0.6
2008	6月7日	7月14日	377.9	37	0.1
2009	6月21日	7月3日	111.8	12	−1.4
2010	6月17日	7月11日	383.7	24	0.0
2011	6月3日	6月22日	464.0	19	0.4
2012	6月4日	7月1日	302.9	27	−0.8
2013	6月6日	7月1日	282.5	25	−0.4
2014	6月16日	7月17日	440.4	31	0.4
2015	5月27日	7月26日	676.5	60	2.0

注：[ ]表示空梅

表 I.4　长江中下游梅雨(Ⅱ型)历年信息表

年份	入梅日	出梅日	梅雨季雨量(mm)	梅雨季长度(d)	梅雨强度
1951	6月22日	7月22日	350.9	30	0.4
1952	7月3日	7月15日	114.4	12	−1.2
1953	5月26日	7月24日	398.3	59	1.3
1954	5月31日	8月2日	811.5	63	3.2
1955	6月6日	6月30日	290.2	24	0.0
1956	6月3日	7月21日	346.7	48	0.7
1957	6月14日	7月10日	279.2	26	−0.1
1958	7月7日	8月7日	171.8	31	−0.5
1959	6月26日	7月6日	102.5	10	−1.3
1960	6月7日	7月14日	292.8	37	0.2
1961	6月7日	6月15日	139.1	8	−0.8
1962	5月25日	7月10日	331.4	46	0.6
1963	6月22日	7月13日	144.3	21	−0.9
1964	6月17日	7月2日	265.7	15	−0.1
1965	7月4日	7月10日	46.9	6	−1.7
1966	6月12日	7月13日	227.9	31	−0.2
1967	6月15日	7月6日	211.8	21	−0.5
1968	6月21日	7月21日	202.8	30	−0.4
1969	6月23日	7月21日	542.5	28	1.4
1970	6月18日	7月22日	343.1	34	0.4
1971	5月30日	6月27日	242.3	28	−0.2
1972	6月20日	7月2日	113.5	12	−1.2
1973	6月15日	7月20日	299.3	35	0.2
1974	6月10日	7月21日	350.4	41	0.6
1975	6月16日	7月17日	269.7	31	0.0
1976	6月16日	7月16日	191.1	30	−0.5
1977	6月9日	7月30日	379.6	51	1.0
1978	6月9日	6月25日	103.4	16	−1.2
1979	6月19日	7月26日	332.2	37	0.4
1980	6月6日	8月7日	570.7	62	2.1
1981	6月22日	7月3日	166.5	11	−0.7
1982	7月9日	7月26日	177.6	17	−0.7
1983	6月9日	7月19日	523.7	40	1.4
1984	6月6日	7月23日	361.0	47	0.8

续表

年份	入梅日	出梅日	梅雨季雨量(mm)	梅雨季长度(d)	梅雨强度
1985	6月22日	7月8日	123.6	16	−1.1
1986	6月10日	7月8日	336.5	28	0.3
1987	7月1日	7月9日	146.1	8	−0.8
1988	6月10日	6月23日	147.3	13	−0.9
1989	6月3日	7月14日	294.9	41	0.3
1990	6月6日	7月3日	259.6	27	−0.2
1991	6月2日	7月16日	55.6	44	−0.7
1992	6月13日	7月6日	203.0	23	−0.5
1993	6月12日	8月8日	460.8	57	1.5
1994	6月5日	6月18日	149.9	13	−0.9
1995	5月28日	7月8日	447.9	41	1.1
1996	5月31日	7月22日	695.7	52	2.4
1997	6月18日	7月24日	263.9	36	0.0
1998	6月11日	8月4日	572.4	54	1.9
1999	6月16日	7月19日	527.2	33	1.3
2000	5月29日	6月11日	113.1	13	−1.2
2001	6月9日	6月27日	176.3	18	−0.7
2002	6月19日	7月8日	191.9	19	−0.6
2003	6月21日	7月12日	289.4	21	0.0
2004	6月14日	7月21日	329.7	37	0.4
2005	7月9日	7月23日	102.9	14	−1.3
2006	6月22日	7月29日	232.2	37	−0.1
2007	6月19日	7月27日	280.7	38	0.2
2008	6月7日	7月14日	306.9	37	0.3
2009	6月17日	7月8日	179.3	21	−0.7
2010	7月4日	7月26日	314.5	22	0.1
2011	6月3日	7月20日	468.8	47	1.3
2012	6月22日	7月21日	252.6	29	−0.2
2013	6月20日	7月1日	122.7	11	−1.1
2014	6月20日	7月20日	305.7	30	0.1
2015	5月26日	7月27日	546.8	62	2.0

表 I.5 江淮梅雨(Ⅲ型)历年信息表

年份	入梅日	出梅日	梅雨季雨量(mm)	梅雨季长度(d)	梅雨强度
1951	6 月 21 日	7 月 23 日	259.3	32	0.1
1952	7 月 14 日	7 月 24 日	77.4	10	−1.4
1953	6 月 19 日	7 月 23 日	357.1	34	0.0
1954	6 月 24 日	7 月 30 日	621.2	36	2.4
1955	6 月 22 日	7 月 14 日	159.8	22	−0.5
1956	6 月 4 日	7 月 22 日	509.5	48	2.3
1957	6 月 30 日	7 月 15 日	150.9	15	−0.8
[1958]	[7 月 7 日]	[7 月 10 日]	[13.3]	[3]	[−2.1]
1959	6 月 27 日	7 月 6 日	86.6	9	−1.3
1960	6 月 19 日	7 月 12 日	220.1	23	−0.5
1961	6 月 6 日	7 月 11 日	182.3	35	−0.6
1962	6 月 17 日	7 月 12 日	243.0	25	−0.2
1963	6 月 22 日	7 月 14 日	175.2	22	−0.4
1964	6 月 24 日	7 月 2 日	60.3	8	−1.6
1965	6 月 30 日	7 月 24 日	330.3	24	0.5
[1966]	[7 月 5 日]	[7 月 8 日]	[31.2]	[3]	[−1.8]
1967	6 月 24 日	7 月 6 日	122.5	12	−1.0
1968	6 月 25 日	7 月 21 日	329.9	26	0.6
1969	7 月 1 日	7 月 23 日	441.0	22	1.1
1970	6 月 28 日	7 月 29 日	295.7	31	0.6
1971	6 月 1 日	7 月 12 日	340.2	41	0.7
1972	6 月 11 日	7 月 12 日	388.7	31	1.1
1973	6 月 16 日	7 月 20 日	203.9	34	0.2
1974	6 月 9 日	8 月 1 日	437.6	53	1.3
1975	6 月 20 日	7 月 16 日	305.8	26	0.5
1976	6 月 21 日	7 月 1 日	101.4	10	−1.2
1977	6 月 28 日	7 月 22 日	186.0	24	−0.3
1978	7 月 10 日	7 月 21 日	61.9	11	−1.5
1979	6 月 19 日	7 月 26 日	387.9	37	0.7
1980	6 月 17 日	7 月 22 日	466.0	35	1.6
1981	6 月 22 日	7 月 2 日	137.9	10	−0.9
1982	7 月 9 日	7 月 26 日	277.0	17	0.1
1983	6 月 23 日	7 月 25 日	381.2	32	0.6
1984	6 月 4 日	7 月 10 日	189.5	36	−0.2

续表

年份	入梅日	出梅日	梅雨季雨量(mm)	梅雨季长度(d)	梅雨强度
1985	6月22日	6月28日	67.8	6	−1.5
1986	6月11日	7月25日	423.5	44	0.7
1987	7月2日	7月22日	277.9	20	0.1
[1988]	[7月12日]	[7月16日]	[34.7]	[4]	[−1.8]
1989	6月4日	7月16日	314.8	42	0.1
1990	6月14日	7月21日	253.0	37	−0.1
1991	6月8日	7月16日	766.4	38	2.6
1992	7月9日	7月23日	109.1	14	−1.1
1993	6月21日	7月25日	259.6	34	−0.3
1994	7月13日	7月18日	49.5	5	−1.7
1995	6月17日	6月25日	99.8	8	−1.2
1996	6月3日	7月22日	519.4	49	2.4
1997	6月30日	7月23日	200.5	23	−0.5
1998	6月25日	8月4日	370.5	40	0.9
1999	6月23日	7月2日	120.0	9	−1.1
2000	6月20日	6月30日	127.8	10	−1.0
2001	6月9日	6月20日	58.8	11	−1.5
2002	6月19日	6月29日	112.3	10	−1.1
2003	6月21日	7月23日	589.2	32	2.1
2004	6月14日	7月15日	221.9	31	−0.9
2005	7月4日	7月12日	162.1	8	−0.7
2006	6月21日	7月29日	416.6	38	1.5
2007	6月19日	7月27日	447.7	38	1.6
2008	6月14日	7月14日	210.3	30	−0.6
[2009]	[7月10日]	[7月15日]	[13.9]	[5]	[−2.1]
2010	7月2日	7月25日	237.9	23	0.0
2011	6月17日	7月21日	376.9	34	1.1
2012	6月27日	7月15日	260.1	18	0.0
[2013]	[6月23日]	[6月27日]	[81.5]	[4]	[−1.2]
[2014]	[7月1日]	[7月6日]	[83.3]	[5]	[−1.3]
2015	6月24日	7月20日	347.0	26	0.7

注:[ ]表示空梅

表 I.6　华北雨季历年信息表

年份	开始时间	结束时间	总雨量(mm)
1961	7 月 18 日	8 月 24 日	167.8
1962	7 月 8 日	8 月 18 日	186.9
1963	7 月 6 日	8 月 21 日	240.8
1964	7 月 6 日	8 月 27 日	275.5
1965	7 月 31 日	8 月 15 日	41.2
1966	7 月 15 日	8 月 13 日	146.9
1967	7 月 17 日	8 月 25 日	201.8
1968	7 月 23 日	8 月 23 日	87.4
1969	7 月 20 日	8 月 31 日	203.9
1970	7 月 21 日	8 月 25 日	135.1
1971	7 月 18 日	8 月 14 日	74.3
1972	7 月 19 日	8 月 18 日	116.1
1973	7 月 6 日	9 月 3 日	263.9
1974	7 月 16 日	8 月 22 日	179.0
1975	7 月 21 日	8 月 25 日	147.7
1976	7 月 18 日	8 月 17 日	165.0
1977	7 月 6 日	7 月 25 日	88.6
1978	7 月 19 日	8 月 20 日	166.5
1979	7 月 21 日	8 月 16 日	154.4
1980	8 月 10 日	8 月 31 日	76.1
1981	7 月 6 日	7 月 30 日	90.4
1982	7 月 25 日	8 月 26 日	188.5
1983	7 月 30 日	8 月 19 日	79.8
1984	7 月 11 日	8 月 24 日	153.3
1985	7 月 11 日	8 月 16 日	140.7
1986	7 月 20 日	8 月 8 日	57.6
1987	8 月 3 日	8 月 28 日	137.7
1988	7 月 6 日	8 月 27 日	311.9
1989	7 月 16 日	8 月 6 日	102.3

续表

年份	开始时间	结束时间	总雨量(mm)
1990	7月19日	8月25日	129.6
1991	7月17日	8月11日	99.2
1992	7月23日	8月18日	150.1
1993	7月9日	8月14日	172.1
1994	7月6日	8月1日	157.8
1995	7月14日	8月30日	274.2
1996	7月9日	8月24日	309.5
1997	7月19日	8月15日	95.9
1998	7月12日	8月14日	130.7
1999	7月6日	8月24日	135.7
2000	7月6日	7月30日	62.4
2001	7月24日	8月10日	74.7
2002	7月30日	8月23日	52.1
2003	7月23日	8月19日	101.0
2004	7月18日	8月25日	156.4
2005	7月23日	8月30日	152.2
2006	7月23日	8月18日	94.7
2007	7月29日	8月18日	88.1
2008	7月15日	8月25日	134.2
2009	7月17日	8月15日	90.7
2010	7月31日	9月3日	155.0
2011	7月24日	8月18日	136.2
2012	7月9日	8月15日	236.9
2013	7月9日	8月5日	180.6
2014	8月1日	8月17日	61.7
2015	7月23日	8月17日	65.1

表 I.7 华西秋雨历年信息表

年份	开始时间	结束时间	总雨量(mm)
1961	9 月 16 日	11 月 20 日	218.7
1962	9 月 11 日	11 月 4 日	172.0
1963	8 月 30 日	11 月 19 日	262.5
1964	8 月 25 日	11 月 9 日	331.9
1965	8 月 25 日	10 月 13 日	208.8
1966	8 月 23 日	11 月 18 日	250.4
1967	9 月 2 日	11 月 12 日	237.4
1968	8 月 22 日	11 月 20 日	300.1
1969	8 月 29 日	11 月 18 日	266.8
1970	9 月 14 日	9 月 30 日	107.3
1971	9 月 6 日	11 月 14 日	176.2
1972	8 月 26 日	10 月 22 日	210.5
1973	8 月 27 日	10 月 14 日	251.1
1974	9 月 2 日	10 月 30 日	216.5
1975	8 月 31 日	11 月 23 日	325.6
1976	8 月 21 日	11 月 14 日	294.4
1977	9 月 6 日	11 月 14 日	195.6
1978	8 月 31 日	11 月 29 日	236.6
1979	8 月 21 日	10 月 1 日	209.2
1980	9 月 4 日	10 月 24 日	176.7
1981	8 月 21 日	11 月 9 日	268.8
1982	8 月 27 日	11 月 9 日	276.4
1983	8 月 21 日	11 月 13 日	331.4
1984	8 月 21 日	10 月 18 日	254.5
1985	8 月 23 日	11 月 13 日	276.5
1986	9 月 3 日	11 月 15 日	182.5
1987	9 月 13 日	10 月 23 日	127.6
1988	8 月 24 日	10 月 24 日	243.9
1989	8 月 25 日	11 月 16 日	220.6

续表

年份	开始时间	结束时间	总雨量(mm)
1990	8月25日	10月28日	193.9
1991	8月25日	10月24日	146.6
1992	9月11日	10月26日	138.9
1993	9月16日	10月30日	111.3
1994	9月20日	10月20日	125.6
1995	9月8日	10月25日	149.4
1996	8月23日	11月18日	252.2
1997	9月13日	10月20日	129.1
1998	9月19日	10月18日	78.6
1999	8月25日	11月18日	253.7
2000	9月4日	10月30日	204.8
2001	8月26日	11月6日	227.9
2002	9月10日	11月2日	132.7
2003	8月24日	10月14日	244.1
2004	8月24日	11月15日	227.0
2005	9月15日	10月29日	150.4
2006	8月21日	10月26日	216.9
2007	8月22日	11月2日	240.6
2008	8月25日	11月7日	295.6
2009	9月7日	10月28日	128.1
2010	8月21日	10月30日	253.8
2011	9月3日	11月9日	279.6
2012	9月7日	11月10日	175.9
2013	8月29日	11月10日	209.5
2014	9月7日	11月30日	276.6
2015	8月24日	10月7日	193.4